# 卡皮巴拉不内耗

沈万九 著

北京日报出版社

**图书在版编目（CIP）数据**

卡皮巴拉不内耗 / 沈万九著 . -- 北京 : 北京日报
出版社 , 2025.1

ISBN 978-7-5477-4738-4

Ⅰ . ①卡… Ⅱ . ①沈… Ⅲ . ①女性－情感－通俗读物
Ⅳ . ① B842.6-49

中国国家版本馆 CIP 数据核字 (2024) 第 083367 号

**卡皮巴拉不内耗**

出版发行：北京日报出版社

地　　址：北京市东城区东单三条 8- 16 号东方广场东配楼四层

邮　　编：100005

电　　话：发行部：（010）65255876
　　　　　　总编室：（010）65252135

印　　刷：运河（唐山）印务有限公司

经　　销：各地新华书店

版　　次：2025 年 1 月第 1 版
　　　　　　2025 年 1 月第 1 次印刷

开　　本：880 毫米 ×1230 毫米　　1/ 32

印　　张：7.25

字　　数：180 千字

定　　价：49.80 元

# 推荐序

## 我们是自己的人间理想

我家小朋友今年在文具店买了很多卡皮巴拉的小玩偶，有穿着东北花棉袄的卡皮巴拉，有穿着小碎花裙的卡皮巴拉，还有穿着军大衣的卡皮巴拉……

卡皮巴拉通过一成不变的呆萌表情、迟缓的反应，被广大网友当作"生活虐我千百遍，我待生活如初恋"的情绪稳定的象征。

所以人们把它当作解压神器。

之前我从没关注过这个憨憨蠢萌的小动物，后来我才知道，卡皮巴拉英文是 capybara，是"水豚"的意思，人们亲切地将其音译为"卡皮巴拉"。

卡皮巴拉荣膺动物界"顶流"是源于无论外界多大改变，它都表现得很淡定。正是基于这个原因，卡皮巴拉成为人们情绪释放和表达自我的出口。

因为我们的心总是想要诗和远方，流连于广袤无际的大海和那片我们曾经向往的森林。可是睁开眼睛却容易受困于当下，很难听得到微风轻响，很难让自己脚步轻快。

虽然颓废内耗很容易，但是我们更拥有继续热爱生活的勇气。

《卡皮巴拉不内耗》这本书，从心理学的角度出发，为读者提供了减少内耗、提升个人效能与幸福感的有效策略，让我们学会积极向上地面对未来。

《卡皮巴拉不内耗》用自己的方式告诉我们，无论生活中遇到多少困难，只要拥有积极的心态，在心中修篱采菊，从好好生活的那一刻起，美好自然生长，无所不在。

不要提前焦虑，不要预知烦恼。

每个人的心里都有一座花园，流进去的眼泪和汗水，会在下一个春天发芽。

允许一切发生，也允许自己短暂地颓废，然后做一个自由勇敢的人吧。

也终有一天，你会站在自己曾经期许的地方，时光和磨难会成全现在的你，让你变成一个敢于喜欢自己的人，也会让你对未来每一天都充满期待。

青年作家 易小宛

# 引言

最近几年，卡皮巴拉逐渐成为动物界的顶流，让无数人感觉到轻松与舒服。

为什么呢？

就是这样一种来自南美洲的小动物，到底藏着什么魔力？

我们大致总结一下：卡皮巴拉只吃素，好相处，跟大多数动物都能友好相处。其情绪稳定，不焦虑，不内耗，松弛感十足，不以物喜，不以己悲，总之，主打一个置身事外，让心灵从没什么意义的事情中抽离。

正是这些特性，尤其是情绪稳定不内耗，让很多人心生向往，羡慕不已，正如某个热爱卡皮巴拉的女性，她的座右铭是："不卷不耗，天塌下来，当被子盖！"

那么，从心理学的角度来看，一个人怎么样才能做到情绪如此稳定呢？

看起来很难，事实上也确实需要跨越内心多重障碍，但只要通过正确的方法，哪怕走三步退两步，也可以慢慢达到这个境界。

本书将从自我关系、亲密关系、家庭关系、原生家庭和家族关系等几个方面出发，一起探索那些让我们内耗的本质，并学会有效化解，从而真正地停止内耗，如卡皮巴拉一样轻松、自在而松弛。

此外，全书汇聚了成千上万个咨询个案的成长经验，也见证了无数来访者从内耗严重变得精神松弛，从本能地自我攻击、习惯性地自我批判，到带有觉知地自我接纳、心怀抱持地自我肯定，继而享受生命的美好和幸福。

所以，对于那些想要爱自己的人来说，这本书将是一份直达心灵的礼物。

通过这份礼物，我们尝试为你推开一扇窗，打开我们心灵成长的另一个空间，从而去拥抱生命的另一种可能。

接下来，如果你愿意，可以做 2～3 个深呼吸，让自己充分地放松下来，然后闭上眼睛，感受一下周围的声音，开始默默地倒数，从 3 数到 1。

当你从 3 数到 1 的时候，睁开眼睛，进入更深的放松状态，然后继续往下读这本书：

在接下来阅读的过程中，

你每读一句，你的身心就会放松几分；

你每读一段，你的内耗就会减少一些；

你每读一篇文章，你的心灵还会清澈明亮许多；

……

现在感觉怎么样？

在本书中，还会有一些专业的心理练习，帮助你连接潜意识，增加情绪流动，减少内耗，感受滋养，拥抱自在。

最后，想要特别感谢，所有为本书的呈现付出了无数汗水和心血的老师和工作人员；也特别感恩，每一位捧起本书的读者朋友。正所谓，相遇即缘，缘深缘浅，皆有其位，和合归中，圆满自得，善哉美哉？

沈万九

# 目录

# **P**art3 从共生到分离，
构建良性亲密关系

# **P**art4 原生家庭，解铃还须系铃人

# **P**art5　　**心想事成，**
**　　　帮你活出丰盈的自我**

# 从焦虑到自在，
# 过一种松弛的人生

**Part1**

# 随遇而安：一切都是最好的安排

在全球畅销书《少有人走的路》里，美国著名的心理治疗师 M. 斯科特·派克开门见山地强调："人生苦难重重，这是个伟大的真理，是世界上最伟大的真理之一。"

也正如《金刚经》所说，"众生皆苦，万相本无，唯有自度"。

由此可见，生而为人，就一定会遇到各种苦难，既无法避免，也难以预料……对此种种，我们如何才能真正地随遇而安，度己度人呢？

《心经》有云："以无所得故……心无挂碍，无挂碍故，无有恐怖，远离颠倒梦想，究竟涅槃。"

然而，在人有所得、有目标、有坚守，而且心有挂碍时，要如何才能更好地安之若素，不忧不惧呢？

唯有相信一切都是最好的安排。

可安排的人，到底会是谁呢？很多人愿意称之为命运、无形的手、老天爷、道，或者家族系统、某个伟大的存在……反正不是"我"。这也意味着一个人只有放下了小我，臣服于这股伟大的力量，方能更好地回归平静，收获自在。

之所以说一切都是最好的安排，是因为事情超越了时间和空间这两个维度。

时间上，如塞翁失马一样，当下可能是失去，但后面却是得到；空间上，也就是在系统层面，或许有着我们暂时看不到的"好处"，不管是对家庭、家族，或是更大的关系场域，但我们终将看到美好的愿景。

但凡看到这些好，相信这份安排，心自然能够安定，八风吹不动，端坐紫金莲，随缘不变，不变随缘。

《道德经》里说，"人法地，地法天，天法道，道法自然"。其中"道法自然"揭示了整个宇宙的特性，囊括了天地间所有事物的根本属性。可以说，天地间万事万物均遵循"自然而然"的规律。

这也意味着，当一个人尊重"自然而然"的规律，并且能够"与道同行"时，他在追求幸福和成功的路上，便会事半功倍，正所谓"好风凭借力，送我上青云"。

比如，天的规律就是有时候打雷下雨，有时候晴空万里，如果我们只想着每天都是晴天，一下雨就抱怨，一起台风就怒斥，那则意味着我们不接纳规律，否定当下，自然就无法随遇而安。

又比如，人的作息规律就是白天阳气盛，适合工作，晚上阴气重，适合睡觉，倘若我们违背这个规律，白天躺平睡大觉，晚上熬夜做

夜猫，一天两天还好，一周两周也能硬撑，可如果长年累月，那不光是熬成国宝黑眼圈的问题，身心健康也会严重受损。

其实，当一个人只看到事物的一面时，很难去相信一切都是最好的安排——特别是他认为自己是受害者的时候。

但如果这个人能比较中正地看到事情的两面，他就容易保持一颗平常心，哪怕事情表面看起来不太好（阴），也能看到相反的另一面（阳），由此便更容易随遇而安，甚至"宠辱不惊，看庭前花开花落；去留无意，望天上云卷云舒"。

那么，我们要如何才能更好地看到另一面，从而更好地抱持阴阳呢？

其实，在关系模式中，有一个非常隐晦的秘密：世界的真相跟你认为的往往是相反的，人性在矛盾中统一，关系于对立中完整，正如硬币的两面，太极中的阴阳，它们相互抱持，构成一体。

为什么说世界的真相跟你认为的往往是相反的呢？人性又为什么会在矛盾中统一呢？

这就好比越内向的人，一旦跟别人相识相交，往往更容易袒露心事。有些内向敏感的女人，很容易就被一些男人的花言巧语攻破心防甚至付出惨重的代价；有些表面看起来非常阳光快乐的人，其实内心非常悲伤阴郁，比如很多喜剧演员都患有轻度抑郁；很多白天对着别人用力笑的人，晚上回到家却用心哭。

而很多所谓老实巴交的好人，认为凡事忍一步风平浪静，时常压抑着内心的情绪，但一旦突破心理防线，就会像火山爆发、洪水破闸，一发不可收。

……

他们都充分证明了一点，阴阳无处不在，正如心理学家武志红所说："世界是相反的，当你看到了 a，也意味着你看到了 -a。"

总的来说，一个人如果敢于拥抱人性中的另一面，他就容易变得完整而强大。

面对生活百态，万事万物，只有更有智慧地去看 a 与 -a，我们的人生才会变得宽广平静，我们也才能做到随遇而安。

为了帮助大家更好地抱持阴阳，我们接下来不妨做一个有趣的心理练习：

（1）拿出一张纸，写上三个你最重要的品质，或平时你经常表现出的情绪，在这里统称为 a；

（2）再拿出一张纸，写上那三个品质或情绪的反义词，也就是 -a；

（3）把以上两张纸，分别放在你左边和右边的地面上；

（4）闭上眼睛，说"我可以 a"，然后往左跨一步，站在左边，

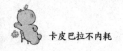
感受 1 ~ 2 分钟;

（5）往右跨一步，回到中心;

（6）接着说"我也可以 -a"，然后往右跨一步，好好地感受几分钟;

（7）左跨一步，回到中心，对自己说"我可以同时是 a，或 -a"，感受一下;

（8）接下来，继续体验后面两个品质或情绪;

（9）当有足够的人时，你也可以邀请两个人帮忙，让他们分别站在你的左侧和右侧。当你站在左侧的时候，左侧的朋友说"你可以是 a";当你站在右侧的时候，右侧的朋友说"你也可以是 -a";当你回到中间的时候，他们同时说"你可以同时拥有 a 和 -a"。

很多朋友可能会想，随遇而安就是妥协，是消极应对，是阿 Q 精神。

其实不然，真正的随遇而安，意味着接纳当下的任何状态，对已经发生的事情不否定、不纠缠、不内耗，而是如其所是，一切皆好，就是如心理学家奥南朵所说的"对生命说是"……当一个人这样做的时候，反而拥有了最大的力量去往前走，去追求自己的目标。

"随遇而安"只是第一步，第二步是"不断进取"。这两步结合在一起，可以看成阴阳结合，前者是阴，后者是阳，抱持合一，就能幻化出最大的力量。

正如一个人走路，一步一步地往前走，每走一步都要先站稳，然后才能迈出下一步。站稳就是随遇而安，就是阴；往前走一步就是不断进取，就是阳。如果我们刚走了一步，就已经感觉惴惴不安、惊慌失措、焦虑恐惧，就已经在否定前进的方向，就已经在后悔，考虑要不要往回走了，那么就不可能有足够的力量走好下一步。

# 如何真正地读懂自我，引领心灵蜕变成长

两千多年前，古希腊哲学家柏拉图提出了一个著名的哲学命题：

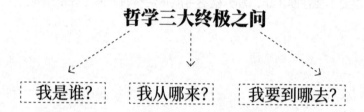

就是这样看似普通的三问，却困扰了无数先哲。

其实，这三个问题本质上是同一个问题，但是在回答之前要先搞清楚：

真正的"我"是什么？

自我的本质是什么？

未来的我又是什么？

是那个每天上下班挤地铁打卡的年度最佳员工？

还是那个困在三角恋中无法自拔的绝望主妇？

抑或是某个日薄西山、流量锐减的过气明星？

……

今天，我们就从心理学的角度，探讨一下所谓的自我到底是什么。

对于自我，人本主义心理学家罗杰斯认为："我是一切体验的总和。"这里的一切体验，其实包含三个部分：

这个你，指的是妻子（或丈夫）、孩子、同事、上司，飞花、海浪、秋月、冬雪，房子、车子……总之是万事万物，区别于"我"的一切存在。

如你所知，这个自我的定义，特别强调了"体验"这两个字。也就是说，要想改变自我，就要从全新的体验开始。这一点非常重要，对我来说，意味着要帮助每一个来访者打破过往的心理逻辑，结束痛苦轮回，让他不断地有全新的身心体验。

除此之外，出于人类自身的想象力，以及对未来的希望，或是某种被我们认同的信仰，有些事情虽然还没有实际发生，却依旧影响着我们。

比如说，一个人的爱情观是怎么形成的？除了跟体验如"我过去谈过的恋爱""我过往的爱人""我看过的爱情书籍或电影"等息息相关，也跟"我接下来想不想跟人恋爱"或者"我想恋爱但其

实我潜意识又特别害怕"等有关。

正因如此，心理学家斯蒂芬·吉利根在他的课程中格外强调引导他人对未来的设想的重要性，比如，让来访者以一种连接中正、目标和支援的状态，提前走一条时间线，从而达到催眠和坚定其对未来的信心、勇气的目的。

对于自我，精神分析的鼻祖弗洛伊德认为，一个人的人格是由本我、超我和自我三部分组成。

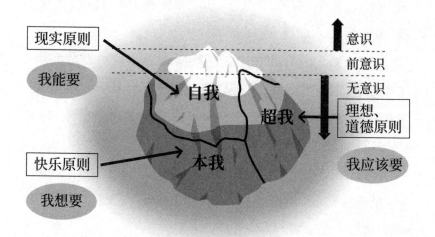

### （1）本我就是本能，奉行快乐原则

如果一个人的人格中只有本我，那这个人就会不顾一切地想要满足自己的各种欲望。

**（2）超我也就是道德，奉行道德原则**

弗洛伊德认为，超我是父亲形象和社会文化规范的内化，这一点也可以延伸为，超我是抚养者形象和社会文化规范的内化。

**（3）本我和超我有直接冲突，自我在它们之间做协调，奉行现实原则**

所谓现实原则，就是环境允许一个人做什么，这个人就做什么。

举个例子，一个青年男人，在大街上捡到别人丢失的钱包：

本我就会把钱包据为己有；超我就会想到法律的严厉和社会的伦理；自我就会在以上两者间找到平衡。

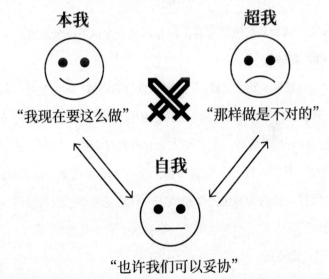

我亲爱的读者，你这辈子最超我的时候，是什么样的呢？最本我的时候，又是什么样的？

科幻小说《三体》中有一句话很经典：

失去人性，失去很多；失去兽性，失去一切。

这句话因为跟"本我、超我和自我"有着一一对应的关系，所以传播深远。

人失去兽性，意味着没有了本我，自然就会失去一切内在的根本动力。说到这儿，可能有的朋友还会问，那超我对应的又是什么性呢？

是的，神性（也可以称为佛性）。

其实，从个人的角度来看，自我可以分为以下三个维度。

**（1）躯体我**

"身体发肤，受之父母。"照顾好自己的身体，本身就是一种孝，更是一种爱。好好吃，好好睡，理发，护肤，洗牙，体检，打疫苗等，都是在照顾好这个躯体，也是在表达对自我的关爱。

然而，有些人好像只有躯体我，没有头脑和灵魂，每天例行公事地上班打卡和吃饭睡觉，像机器人一样混吃等老，正如罗曼·罗兰所说："有些人二十岁就死了，等到八十岁才被埋葬。"

**（2）觉知我**

觉知我，就是我们认为的我，意识层面的我，大脑中想象的我，父母、社会、国家教育过的我，上课、学习、工作时候的我……

觉知我可以帮助我们有效且有序地构建跟这个世界的关系。但有时候，觉知我发出的声音并不一定来自我们真正的内心——特别是那些从小没有很好地尊重自己感觉的人，他们可能更多地在迎合家人和适应社会。

这就需要我们看见下面这个我。

### （3）潜藏我

也就是潜意识的我，这个"我"是我们所看不到的，无法测量，却是最有力量的。正如心理学家荣格所说，潜意识指引着我们的人生，我们却称之为命运。

关于意识和潜意识之分，弗洛伊德举了个例子，说潜意识就像一座大房子，而意识就像是大房子的门厅。在大房子和门厅之间有一个警察（也叫作过滤器）。只有被警察认可，潜意识里的东西才能到达意识层面。

有意思的是，这个警察有时候会睡着。事实上，我们睡觉时做的梦，就是潜意识的碎片偷偷跑到门厅，然后被我们觉察到了。

这就是为什么说梦是一个人潜意识的窗口。精神分析里有一项重要的工作，就是对来访者的梦进行分析和解读，从中观望其个人的成长状态。

我曾接待过一个来访者，她处在病态的三角恋中，几次尝试自杀。在我们这里咨询了一段时间后，有一天她做了一个梦，梦见自己高考考了全市第二名，她非常开心，奔走相告。

但其实，在现实中，她当年高考考了全市第三名。而且，她做过很多梦，都是考试一塌糊涂，门门亮红灯。

在这个梦中，她不但考试通过了，而且还比之前进步了，这意味着她的心灵有了巨大成长，也意味着我们的咨询有了重大突破。

事实上，从那时候起，她的自我开始慢慢地构建成功，情绪也越来越稳定，再也不会动辄闹着自杀了。

其实，按心灵的健康程度，"自我"一般可分为以下四个层级：

**（1）破碎自我**

这种人常年活在别人的思维中，根本就没有自我。

比如曾经的一个来访者，每天活得都非常痛苦，经常觉得自己体内有气，横冲直撞，情绪就像火山一样随时都有可能爆发。而一旦爆发，她就会跟父母吵架，甚至动手。她还经常做梦，梦到黑压压的天空，有种"黑云压城城欲摧"的感觉。

显然，这个女孩还停留在破碎自我的层面，迫切需要一个稳定的容器，伴随她升级自我。

**（2）头脑自我**

处于头脑自我的人，善用头脑，整天都在理性地思考，很少展现情绪和动力，这种人通常比较缺乏魅力，总感觉自己不够真实。

只有头脑自我的人，只能算是假自我①，跟真自我严格对应。有

---

① 假自我：心理学术语，指的是一个人为了适应外界的期待和规范，而构建的一种自我形象。

真自我的人，他的身体和自我是在一起的，身体忠于自我，非常注意自己的感受，给人的感觉很接地气。

通常，如果在孩子口欲期的喂养、肛欲期的大小便、性蕾期的性欲和竞争欲的处理上，父母能够很好地尊重孩子的意志和节奏，那这个孩子长大后，就比较容易形成真自我。

假自我的人，和别人在一起时，更容易受别人控制。他的身体会和自我分离，去寻求与他人的自我结合，更容易被他人的自我所驱动，而不是被自己的自我驱动。

例如，有一个来访者，三十多岁，说自己好像从来没有真正地活过，过去三十多年都像是机器人一样被妈妈控制着，包括婚姻和生儿育女。

从中可以看出，处于假自我的人，还会出现一个常见的现象——迟钝。当身体遇到一些刺激时，他们的反应总是慢一拍，并且对他们来说，刺激引起的感受也不够清晰与鲜明。

另外，还有一些人，他们对其他人的感受特别敏感，却经常忽视自己的感受，好像自己的身体和自己的感受绝缘一样。

其实，从本质上讲，这些都是自我保护，保护自己不受伤害。他们只是需要成长，并找到一个新的保护自己的防御方式而已。

### （3）内聚性自我

如果把头脑自我理解为一个壳的话，内聚性自我就是一个壳的内核，当我们充分展现自己的攻击性，有了"我是好的"这种基本自恋感时，就会形成一个有内聚力的抽象自我。

当一个人有一个非常真实的内聚性自我时，就会变得既稳定又灵活，在与他人的关系中更能如鱼得水。

**（4）无我**

很多人有一种感觉，就是旅游时看到大好河山，会感觉非常舒服，心旷神怡。为什么呢？

因为这一刻他们放下了自我。

放下并不意味着失去，放下的不过是小我。很多人之所以痛苦，就是因为太执着于这个"我"，"念念相续，苦痛里都是执着"。

活在无我境界的人，会觉得自我是可以放下的，而且一旦放下，就会感觉自己和周围世界融为了一体，会感觉自己的生命力正在自然地流动，甚至能体验到天人合一的感觉，就像王阳明——当然，这是一种非常高的境界，不必奢求，只需当作一个目标便好。

不过，话说回来，不管一个人活在哪种自我中，都不是一成不变的，都是可以成长的。

那么，我们如何才能提升和蜕变呢？心理专家武志红认为，可以从以下五个维度入手。

**（1）提高自我稳定性**

可以借助于外部方法。比如交往稳定性高的朋友，找一份稳定的工作，让自己的日常作息保持稳定等。这样做的目的是给自己制造一个稳定的外部容器，然后慢慢内化这个稳定的外部容器，让自己的自我变得更稳定。

### （2）提升自我灵活度

灵活度好的人，比较能感知自己的身体感受和情绪，拥有这种身体智慧的人，可以简称为"感性"的人。另一部分人有意识地靠各种知识武装自己，就可以变得很灵活。不过过度使用头脑，容易忽略身体智慧的重要性，这样"感性"就会比较滞后，就没办法真正灵活起来。

### （3）拓宽自我的疆界

觉知到自己对外界的敌意，尝试在不同的环境和不同的人建立关系，不断地拓展舒适区，感受"万类霜天竞自由"。

### （4）积蓄自我的力量

楼需一层层地盖，饭需一口口地吃，我们可以一步步来调整，先定一个个小目标，再定大目标，努力＝实现。

### （5）增强自我疗愈力

不依赖宿命论、星座论，而是要重视成长论，相信一切都在流动。形成成熟的时空观，知道任何重要的事情都需要积极投入，时间的累积和空间的转换才能得到改变。

疗愈力特别弱的人可以考虑走出去，寻求他人的帮助，如结识一些爱鼓励人的朋友、融入一些有疗愈功能的团体等。有条件的话，还可以通过专业的心理咨询师，增强自我疗愈力。

## 6

聊到现在，想必你已经对"自我"到底是什么有所理解了。

那么，你对文章开头的终极三问，是否越来越清晰了呢？

**（1）我是谁？**

在我的内心，常年住着一个什么样的内在小孩？她经常会有什么样的情绪和冲动呢？

在现实的世界中，我是一个朝气蓬勃的大学生，或是一个努力为了理想打拼的职场人，抑或是管理着上百个员工的企业主？

在理想层面，我是一个慈悲为怀、度人度己的服务者？或是一个"宁可我负天下人，天下人不能负我"的权欲者？

**（2）我从哪来？**

我带着家族祖先的智慧和能量，从母亲的肚子里而来？

还是来自中国南方海边某个富裕的城市？

抑或是一个从小就被教育"男人都是危险的，你需要洁身自爱"的离异家庭？

**（3）我要到哪去？**

逐渐去变成一个内心情绪更加稳定、有爱心、擅自省的人？

还是去寻找一份新的工作，换一个城市重新生活？

抑或是彻底告别多年来迎合讨好他人的价值观，拥抱一个广阔、丰盛、活出自己的新人生？

终极三问是围绕"人"本身来提出问题的，问的也是一个人的自我认知。怎样回答终极三问，也反映了一个人对自我认知的程度。

终极三问可以测试出一个人的自我认识是否完整，清晰。通过简单的一些问题回答，便可以看到一个人的"自我"部分，比如，当问一些朋友"你是谁"时，他们会说我只是我，或者说不知道；或者问"我要到哪里去"，会有很多朋友说去未来，但是无法更具体。所以很多人会觉得迷茫，不知道人生的意义哪里。

如果对终极三问没有思考，没有自己的答案，就无法真正认识自我，了解自我，也不知道自己的人生应如何取舍。

# 最容易愤怒的三类人："龙""蛇""牛"

生活中，有些人很容易愤怒，随时会从心底冒出敌意，想要肆意地宣泄，自己却不知道什么原因。

长此以往，很容易影响亲密关系，也容易让自己伤痕累累——不管是心灵还是身体，都会被这团怒火所伤害。

从中医的角度来看：怒伤肝。肝为将军之官，性喜顺畅豁达。如果长期郁愤，则会导致肝气郁结，引起生理功能紊乱。在我们工作室的幸福团体坊里，关于情绪流动有一个专门的主题，愤怒、抑郁、焦虑、恐惧、孤独等五大情绪皆有涉及。

这里，我们就重点说说愤怒。生活中，有三类人最容易愤怒，要想准确找到疗愈和改善的方向，就需要探寻一下这三类人愤怒背后的心理动力。

为了帮助大家更好地理解，这三类人，我用"龙""蛇""牛"这三种动物分别作为隐喻——需要特别强调的一点是，这里的动物，跟生肖里的动物不是一个概念，两者没有任何关系，大家千万不要拿自己的生肖去对照。

## 一、"龙"

这种人的心智往往停留在一个自恋，乃至全能自恋[①]的维度。

如果周围的人没有按照这种人的想法去说话做事，他们就很容易产生情绪，"龙颜大怒"。

一般这个时候，别人会因为他们大怒，而被迫接受他们的控制，遵循他们的意思，满足他们的要求……但长此以往，关系的矛盾能量一定会越来越多。当别人有力量反抗了，就不会理会他们那一套了，就不再受他们的控制了。

这种人一旦发现自己愤怒没有用，就会感觉无助，感到恐惧。

在电影《我想和你好好的》里，倪妮所扮演的喵喵就是这样一个女人，经常愤怒，并用愤怒来控制男友亮亮，甚至还会用自杀来威胁对方。一开始亮亮没办法，都隐忍着接受，后来实在压抑过度，随即揭竿而起，奋起反抗。这时候喵喵就变成了一个彻底无助的小猫咪，只能求亮亮不要离开自己。

需要补充的一点是，出于内心强烈的不安全感，"龙"特别追求控制，他们容易把这个世界分为两类："我"和"它"。

被我控制的，让我有安全感的，就属于我。

在我之外的，通通都是它。这个它，就是没有生命的敌意、恶意。

---

① 全能自恋：是每个人在婴儿早期都具备的心理，即，婴儿觉得我是无所不能的，我一动念头，和我完全浑然一体的世界（其实是妈妈或其他养育者）就会按照我的意愿来运转。

可想而知，敌意会从四处诞生，愤怒的情绪随时会被点燃。

## 二、"蛇"

关于蛇，我们有一句耳熟能详的俗语："一朝被蛇咬，十年怕井绳。"

每个人在内心里，都曾经被蛇咬过，只不过有时是被小蛇咬，无关痛痒；有时则是被大蛇咬，让我们感到害怕，甚至有生命危险——这说明让我们感到有生命危险的蛇，会给我们的内心留下很大的"蛇"伤，埋下一个巨大的情绪地雷。

当下的事情触发情绪地雷，就会轻易地激发起巨大的愤怒。

而疗愈的方向，就是尽快地排雷，早日打蛇，让我们不再活在过去的阴影之中。

## 三、"牛"

"牛"代表的是兢兢业业付出的人，有着温驯友好的性格，但另一方面，有这种特质的人也容易压抑，往往会忽视自己内心的感受，压抑自己的情感，甚至扼杀自己的欲求。

我们每一个人的念头和意志，都有"生命"，每一次扼杀，都等于把这个"生命"给杀死了，长此以往，必然会导致愤怒。

出于过往隐忍的模式，我们容易将这种愤怒压抑到心底深处，也容易用一种隐形的方式去释放。压抑过度的坏处是，情绪的小火山一旦爆发，巨大的愤怒就会喷涌而出。

比如某个来访者的老公，平常勤勤恳恳付出，脾气看起来也很温和。但突然有一天，他喝了酒，像疯子一样发作。要不是其他人拦住，不知道会产生怎样严重的后果。

以上的"龙""蛇""牛"，就是最容易愤怒的三类人了。我们在日常生活和工作中，一定会遇到其中一种，甚至可能不止一种人。

我们可以尝试去理解和共情他们。而只有真正得到接纳了，他们才能去疏通和流动情绪，才能够真正地往前走，慢慢地走出过往的模式。当然，我们也需要保护好自己，不去激怒他们，或者适当地远离他们，结束和他们的病态关系。

---

**心理练习　吹气球**

当我们内心的压力和情绪积累太多的时候，我们就需要学习如何应对压力和流动情绪。

吹气球练习是一种简单易学的心理稳定方法，可以帮我们更好地应对压力和情绪，避免伤害到我们自己或他人。

以下是练习步骤：

①深呼吸一至三次，然后闭上眼睛，回忆一个引起你压力感的场景和事件，注意自己的感受（生气、害怕等）。

②想象你在吹气球，随着每次呼气，把上述情绪从身体里吹到气球里。

③当气球渐渐胀大时，你注意到气球的表面有一幅关于你的压力和情绪来源的图像。

④随着每次呼吸，你越来越多地释放出那些情绪。

⑤继续把身体的情绪吹出来，直到它们全部进入气球。

---

⑥放开手中的气球，气球不断地向空中飘去，越飘越远，直至融于天地之间。

⑦做一次深呼吸，检查你对那件事情的感觉。

## 从焦虑到自在：一个稳定有爱的自我是如何形成的？

在当代社会中，焦虑可以说是无处不在，无孔不入：

从房贷车贷，到伴侣背叛婚姻；

从上司的脸色，到父母的逼婚；

从生活的苟且，到梦想的遥远；

……

适度的焦虑，可以让我们有动力去成长，蛰伏蜕变，甚至改天换地。

但过度的焦虑，却能压垮一个人，甚至一个家。

那么，焦虑的本质，到底是什么呢？

如你所知，任何人在表达一个意志或声音后，都希望被尊重，被看见，甚至能够实现这个目标……

如果都没有，就可能产生焦虑。

比如，当我走进老板的办公室要求加薪时，老板说："不行，如今之势，不减薪、不裁员都算好的了。"

这样一来，我的意志就被杀死了，伴随而来的就是焦虑。

晚上回去后，我有可能彻夜未眠，心有芥蒂。

心理学家武志红说，一个心理水平偏低的人——尤其是全能型自恋者，或所谓的完美主义者——往往会有这样一种逻辑："我"=意志。

所以，他们非常执着于细节，因为每一个小细节、小念头、小意志、小争吵……都等同于大自我。

这也是为什么 2013 年北京大兴的韩磊仅仅因为一些口角，就上升到要把人家的婴儿摔死。

我们可以猜测，在那一刻，韩磊感觉到自己的意志被杀死了——伴随而来的是，"我"也快被"杀死"了。

为了不让自己被"杀死"，他做出了极端的行为。

让人觉得讽刺的是，韩磊在自传体小说《昔我往矣》的最后一段这样写道："命运总是充满了未知和奇遇，无论结局是天堂、地狱还是人间，其实都肇始于一念之间。"

由此可见，如果一个人形成了"自我"，特别是一个有容器的自我时，那就可以容纳并转化焦虑了，从而更容易获得自在。

所谓自在，顾名思义就是"自己存在着"——我们的观世音菩萨，有着最为自在的样子，她还有一个别名，叫作"观自在菩萨"。

生活相对自在自然的人，他们的内心有一个声音时刻告诉自己，自己是存在着的，是好的，自己的行为是基本被允许的。

所以，他们不会把自己发出的意志等同于自我，也不会因为某一个意志被杀死了，就感觉自己不在了。他们更不会像林黛玉一样敏感、多虑，好像在每一份关系的碰撞中都藏着"生死之战"：

别人对他好，他会想别人是不是可怜他，自己太脆弱了；

别人对他不好，他会想别人是在嫌弃他，欺负他孤苦无依；

别人对其他人好，他会想自己是不是没有其他人好；

别人对其他人不好，他也会想自己是不是也是那个其他人；

……

心理专家张久祥曾在"观知心理研修班"中设问："当一个人时刻处在焦虑的状态时，应该怎么办？"

对此，张久祥老师总结了一个非常有趣的妙招——纳客心理。

即把焦虑当作自己的客人。它来我们家是做客的，不是来当主人的。

既然是客人，我们就需要以礼相待，开门欢迎，不能把它关在门外，否则它可能会一直敲门，甚至敲到晚上——让我们失眠；既然是客人，那么它就不会待太久。时间一到，它自然会离开，而且还可能会留下丰厚的礼物。

那么，如何才能把焦虑当作客人呢？

最核心的方法，就是要有自己的房子——心房，即独立的"自我"，有容器功能的"自我"。

可是，具体应该怎么去做呢？

在心灵层面，我们可以把一个人的"自我"形成大致分成三个阶段。这三个阶段，武志红曾以鹰来举例：

（1）鹰蛋：孤独和自闭；

（2）小鹰：依赖和焦虑；

（3）老鹰：竞争和独立。

每个人最开始时都像是一只小鹰的胚胎，先是一个蛋，因为感受到爱，感受到温暖，然后主动破壳，变成了一只小鹰。

这时候的小鹰，还需要养育者的爱，也非常依赖于养育者的照料。

随后，在得到足够好的照顾后，小鹰融入家族中，因为有爸爸或更多的成员的爱，慢慢地变得有力量，也懂得竞争与合作。

再接着，从一只没办法自食其力的小鹰，变成了一只可以展开翅膀自由翱翔，同时有着猎食能力的老鹰。

一个人理想的成长历程也是如此，先是从孤独的自闭世界进入有温度的关系世界；然后从依赖共生的虚弱关系中，走向强大的独立自主的丰盛世界；最后从没有自我，慢慢地发展成有"内聚性自我"——而这也恰恰隐喻地表达了老子所说的"道生一，一生二，二生三，三生万物"。

然而，现实中的情况往往没有那么顺利，因为种种原因，人们分别停滞在了不同的阶段。

有些人停留在了幼鹰时期，病态地想与他人共生，总是渴望找一只有力量的老鹰，让对方背着自己安全地过一辈子；还有一些人，一开始是老鹰，后来因为挫折，退到了鹰蛋时期，把自己封闭起来，不愿跟外界接触。

比如，有个企业家因为经营权被人霸占了，就彻底崩溃，躲在家里"宅"了起来，长年不出门。

当然，这样的老鹰，往往在自我诞生的早期就没有培养好足够的韧劲，以致遭遇重大的挫折后瞬间崩溃。

我们最理想的状态，就是成为一只有韧劲、有力量的老鹰，可以照顾他人，可以自由翱翔，愿意为自己的情绪和人生负责，也能真正地跟另外一只鹰比翼双飞，坦然面对人生的无常，不会被任何苦难所压倒。

话说回来，一个人要想慢慢地从鹰蛋成长为老鹰，从而形成真正的自我，需要走完以下三步：

**（1）动力的诞生**

能够学会和敢于表达生命力，如思维观点、身体欲望、情绪情感等。

一个孩子在出生后的六个月里，如果在表达自己的时候，可以得到基本的允许和照料，那么他的动力就可以说是基本诞生了。

但事实上，在这个最重要的阶段，很多父母或者养育者非但没有给到孩子基本的允许和照料，甚至给了孩子巨大的恐惧和创伤，也因此扼杀了孩子的动力，使其在长大后不敢表达，不愿表达，不会表达自己的心声。

那该怎么办呢？

这时候，如果还想让动力诞生的话，就需要用成倍的耐心和爱去呵护，给他足够安全的容器，慢慢地让动力诞生。

**（2）意志的诞生**

动力一旦诞生，就要学会"持续地表达生命力"。

因为如果只是停留在动力层面的话，人就会执着于某一个动力，如果不能马上实现，这个"动力"就会"死掉"。

而当一个人诞生了意志，他就会比较有耐心，可以延迟满足。

这个过程往往是在出生后六至二十四个月完成。

### （3）容器的诞生

当动力和意志都诞生后，我们还需要继续成长，不能只是停留在意志的层面。

只停留在意志层面的话，人虽然会有时间感和空间感，可以延迟满足，保有耐心，但还是不太能接受意志的生死。

唯有继续在关系中历练成长，达到容器层面，从而形成内聚性的自我，拥有更大的心灵空间，才能接受一些动力和意志的死亡，才能拥有充分的韧劲。

你目前自我停留在哪一个层面呢？

你是否做好了足够的准备，继续往上升级呢？

总的来说，一个人只有意志、动力和容器都诞生了，他的自我才算是真正的诞生。

这时候的他，不但可以转化自己的焦虑，还能承接并转化他人的情绪，从而在关系中变得自在舒适、如鱼得水，也能够更好地享受亲密关系，使家庭幸福，更能通过本能自然地游走在工作和社会中，享受并迎接更宽广的人生舞台。

# 聪明和智慧：不同心智照见不同未来

心理学家格桑泽仁曾说："能看出别人问题的叫作聪明，能看到别人优点的叫作智慧。"

怎样理解这句话呢？

从心理学的角度来看，能看出别人问题的人，容易去挑别人的毛病，在亲密关系中，倾向于以自己为标准，以证明自己更优秀，证明自己比别人好……这也意味着，他的心智可能还停留在自恋维度，他更在乎自己的感受。

但如果是能看到别人优点的人，更容易给予别人肯定和赞美，这就活在一个关系的维度。因为当他看到别人的优点，并且真诚地表达出来的时候，对方就被照见了，就会很开心，说明他是活在一个跟对方建立关系的层面。

两相对比，显然后者更具智慧，也更能建立滋养性的关系。

在生活中，我们常常能看到以下两种截然不同的人：

喜欢打压下属抬高自己的专制领导，喜欢肯定员工并表扬其优点的老板；

经常挑孩子毛病并且把他跟"别人家的孩子"比较的家长，用放大镜找孩子优点并不吝于送上掌声喝彩的父母；

总忍不住挑另一半的小毛病甚至恶语相向的恋人，喜欢鼓励伴侣并且发自内心地欣赏伴侣的爱人。

……

每个人都在用不同的心智，浇灌着周围的一切关系，也必然收获不同的幸福。本质上并没有什么对错，有的只是相由心生和因果循环。

话说回来，聪明也好，智慧也罢，都只不过是我们潜意识的呈现，都是我们内心的某一面心相。

爱挑毛病的人，往往内心埋藏着很多恐惧，生怕肯定了别人，别人就会在高处，自己就会落在低处。

对他们来说，落在低处意味着万丈深渊，藏着巨大的危险——为了不让自己，也不让家人落入危险，他们选择对别人吹毛求疵，也许这本身也是一种复杂的爱吧。

万千繁杂，芸芸众生，聪明的人在不断地筑墙，智慧的人在拼命地修桥。

墙越筑越高，挡住了外面的洪水猛兽，也容易挡住心和爱的流动。

桥越修越多，一座座爱的桥连接在一起，也必将通往更宽广的远方。

**⑤**

人这一生，跨山越海，追名逐利，必然引起无数纷争：

要聪明，也要智慧；

要筑墙，亦要修桥；

有自恋，更有依恋；

……

如此一来，方有安家立业的价值感，也有终此一生的幸福感。

如此平衡，人生漫漫，不枉此行，岂不美哉？

## 本章回眸

在生活中，除了外在的压力，让我们更难熬的是我们内在的自我损耗。

但停止内耗并不是一件容易的事，对此，我们可以通过心灵的不断成长，一点点地学会管理情绪，共情他人，读懂焦虑的来源和本质，扩展自我的觉知，抱持对错是非观念等，从习惯性地攻击自己，损耗自己，变成慢慢地肯定自己，悦纳自己，从而摆脱焦虑的状态，过上一种松弛自在的人生。

# 向内求爱,
# 与其在意他人不如做好自己

# 幸福关系的第一生产力：共情

亚瑟·乔拉米卡利是哈佛大学医学院的一名教授。

多年前，他弟弟因吸毒和犯罪被通缉，并逃亡国外，之后漂泊多年，而就在约定好回国的前一天，突然内心崩塌，自杀身亡。

这给亚瑟·乔拉米卡利无比沉重的打击，令其痛不欲生，追悔莫及，随后多年，都陷入无止境的思考当中——在弟弟最绝望、最无助的时候，最需要的到底是什么？

他想到最后，发现答案是两个字——共情。

随后，亚瑟·乔拉米卡利便将二十三年的心血，浓缩成了一本畅销书《共情的力量》。该书一经发行，便风靡全球，引起了无数人的共鸣，打动了无数受伤的心。

对此，他难过地说道："如果我早点写这本书，我弟弟就不会死了。"

关于共情，书中是这样总结的：

共情就是那束光，

能穿透痛苦和恐惧的漫漫黑暗，

找到我们生而为人的

共通之处。

央视《心理访谈》常驻心理专家张久祥曾说："（对于）不懂共情的人，（我们）不能称之为咨询师。"

确实，一个好的咨询师，不是扮演百度或知乎的角色，也不是鸡汤教父或学校教导主任，而是靠跟来访者共情，并与之建立深度关系，由内调动滋养因子，从而真正地疗愈来访者。

这是所有技术产生疗效的基础。

任何亲密关系都需要共情，正所谓"身无彩凤双飞翼，心有灵犀一点通"。共情能让双方在内心深处连接，能让他们聆听彼此的心声，照进彼此的感受，从而形成爱的土壤。

然而，很多情侣或者夫妻，不是陷入无止境的权利斗争中——到底是听你的还是听我的，就是陷入拉扯多年的道德伦理中——到底是你的错，还是我的错，最终，不管谁争赢了，感情和婚姻都成了牺牲品。

由此可见，共情就是幸福的第一生产力。

然而，什么才是真正的共情呢？

曾有一位女士来咨询，她一方面想要挽回支离破碎的婚姻，因为彼此还有很深的感情；另一方面又陷入深深的受害者情绪中，内心充满怨和恨——因为老公出轨了。

在咨询的过程中，我们给她做了一个心理小练习，邀请她通过身份的切换，把角色暂时切换成她老公，共情她老公的感受。

那一瞬间，她突然就泪崩了，随后泣不成声，因为她真切地感受到了老公这么多年在家里的痛苦、无力、渺小、窒息，他没有自己的空间……似乎连宠物猫的家庭地位都比他高。

就这样，她真正地理解了老公，放下了受害者情结。

回去之后，她老公感受到了她的理解，内心不再彷徨，也决定彻底回归家庭。

**6**

关于共情，提倡意象对话心理疗法的朱建军曾说，共情并不容易，因为需要我们两个方面的能力，而这个两方面看起来还有些矛盾：一方面，我们必须体验对方的经历，亲身感受这份经历，让这份经历"成为"自己的体验，完全让对方带者走；另一方面，我们必须不沉溺于这个经历，也必须完全不被对方的体验带动。

我们需要和对方在一样痛苦的同时又完全没有痛苦——因为这不是我的痛苦，虽然我正在体验。

听起来是不是很困难呢？

确实，那些平时活在头脑层面的朋友，恐怕连自己的感受都分不太清，更别说去捕捉他人的感受了。

然而，只要我们愿意，就一定可以通过一些方法，不断地训练和增强我们的共情能力——或者更确切地说，是把我们曾经丢失的共情能力重新找回来。

其实，要想真正地共情他人，给人以温暖和疗愈，首先最需要的就是共情自己。

没办法共情自己的人很难真正地共情他人，哪怕能捕捉到别人的心思和感受，也往往会陷入无休止的猜测和迎合中，非常心累。

那么，具体应该怎样共情自己呢？可以参照以下六点：

**（1）排除情绪地雷**

每个人的身上，都藏着或大或小的情绪地雷，一旦被触碰，就会被引爆。情绪地雷越多的人，被触碰的概率越大，也越为敏感，自然越难与他人愉悦相处。

所以，我们需要带着觉知，在生活中不断发掘，自己身上到底藏有哪些情绪地雷。

一般来说，情绪地雷的来源可能是原生家庭中父母的伤害，也可能是其他早年的创伤，抑或是成长路上的某些阴影……总之，他人一旦碰触到，我们就会非常痛苦，因为痛苦而产生防御，出于保护自己的本能去攻击对方，对方也会特别难受。

那么，如何才能更好地扫除情绪地雷呢？

情绪扫雷是在心理咨询时，咨询师经常带来访者体验的一个小练习，可以帮助来访者情绪更好地流动和照见。

痛苦来自内心，但是内心又通常会分为三层，头脑保护层，胸部感受层，腹部真我层。通过情绪痛苦对应不同的身体部位，就可以简单判断来访者的这个痛苦情绪有多深，比如对应的腹部，腹部是我们经常讲到的能量中心层，最深层的部分在潜意识比较深层的位置，代表和来访者6岁之前有关联。如果是对应心脏，说明来访者的情绪比腹部的相对会轻一点，心脏是代表爱的地方，与父母关系有关联。所以在我们的团体坊和咨询中进行的这个练习，都能得到大家很好的反馈。

**（2）感觉和欲求**

学会捕捉自己的起心动念，或者学会看自己的梦，从中找到自己的感觉和欲求——有些虽然不是那么正向，但我们不要苛责和攻击自己，应该带着爱去理解自己，允许自己，接纳自己，做到"流动而不成为，理解而不支持"即可。

**（3）重要历史**

懂得自己的重要他人、重要他事、重大转折性事件，知道这些重要历史曾经给自己带来的内心震撼、触动、深刻影响，以及可能存在的情结，并尝试去理解和谢谢当初承受了痛苦的自己。

### （4）对话和连接

可以做冥想，也可以写日记，或者参加一些心灵成长团体……经常跟自己对话，连接自己的内心，聆听身体的声音。

### （5）放空和无我

懂得放空自己，适当地无我，只有这样才能真正地共情他人。如果自己都有满满的负面情绪，又如何能够承接他人更多的东西呢？

### （6）让自己精神独立

有些人会困惑，为什么自己很容易就能共情同事、朋友，但就是不能共情家人呢？

这往往是因为精神不够独立，所以一旦进入亲密关系中，就容易跟对方共生在一起，失去中正，自然难以共情。

如上所述，当我们学会充分地共情自己时，也就有了共情他人的坚实基础。

那么，具体要怎样做呢？

举一个简单的例子，假如某个下雨天，小雨淅淅沥沥，你的家人却在雨中行走，手上有伞也不用。

所谓共情，就是陪他在雨中走一段路——这个雨就是所谓的

情绪。

你可以跟他一起沉浸在雨中，感受雨滴，体会一下雨水打在身上的感受，而不是直接帮他打一把伞，或者死命把他从雨中拽出来。

这样一来，他的感受就被分担了，就会感觉自己不孤独了，情绪被照见，内心就有了温暖和力量，自然就会从雨中走出来，或者愿意打伞。

前不久，一个来访者说，她最近跟老公沟通出现了问题。

老公说："你这么爱看书，但我回到家只会打游戏，我们多不和谐啊，我们就是不一样啊。"

她听了之后，很紧张地说："我看的是小说啊，也没有不一样啊，挺和谐的呀！"

然后我们探讨，这里面有一个什么样的沟通模式呢？她是否做到了共情呢？

她做得好的地方，在于没有直接说教老公："对呀，那你也赶紧过来看书，别打游戏了！这么大个人，还天天打游戏。"

但她也还有需要成长的地方，就是没有肯定和共情，这样说容易形成以下心理：

老公最初的感受是不和谐——老婆直接否定老公的感受，试图说服对方这是和谐的——老公的感受和逻辑被否定了，加重了自我认为的不和谐。

一个比较好的共情式沟通，是这样的：

老婆说："嗯嗯，是不太和谐呀，你的老婆太上进了，但本宫不嫌弃你呀。你身上也有很多我喜欢的优点。"

这样一来，一方面肯定了老公，共情了他的感受；另一方面，又调皮有趣地做了一个引导，增加了彼此的情趣。

最后，还要补充的一点是，关于共情，张久祥教授曾说，最关键的，是让子弹飞一会儿，跟对方的感受待一会儿。

举一个例子，假设对方是一只小老鼠，因为面对强大的猫，产生了各种负面情绪。

这时候，我们不要做一个阳光、积极、强大和灌鸡汤的猫，想尽办法将它从负面情绪拉出来，那样只会适得其反，会把老鼠吓得更惨，甚至可能把它吓死。

相反，我们应该尝试做一只老鼠，虽然也感到害怕，但愿意跟它一起去面对猫。

这样一来，猫咪自然就会变成汤姆，外强中干，最后只能逃之夭夭。

而老鼠也会变成有力量的杰瑞，慢慢地走出煎熬，完成蜕变，真正地回到温暖的阳光下。

**心理练习** **共情**

以下这个练习，可以帮助我们提升共情能力。

找一个朋友，也可以是伴侣，两个人坐在一个安静的房间里。

两个人都闭上眼睛。然后他开始讲两个自己的小故事，一个是悲伤的故事，另一个是幸福的故事。

两个故事的顺序由讲故事的人安排，但讲故事的时候，不要发出任何声音，只是默默在心里讲。

讲完后，两个人睁开眼睛，由听故事的人感受一下，到底哪一个故事是开心幸福的。

说故事的人揭晓答案，然后调换顺序。

该练习也适用于一家人或者一个团体。

# 爱自己，是解脱和疗愈的必经之路

在畅销书《无声告白》里，女一号一开始就离奇地死亡了，所有人，包括警察都认为她是被同学谋杀的，可查到最后大家却发现，原来她是自杀的。

自杀的原因是她从小到大都要满足别人的期待，不懂得爱自己，压抑到最后，心中的那根弦绷掉了。

实际上，一个人会不会爱自己，跟长相、金钱或地位通通无关。不爱自己的人往往有以下三种心理逻辑：

## 一、不敢爱

他们很容易把"爱自己"理解为自私，一旦"自私"，就可能被这个世界"攻击"，所以他们不敢爱。但其实，自爱和自私是完全不同的。

自私的人更多的是向外索求，希望从外界获取些什么而使自己快乐和幸福；

自爱则是向内求，把目光投向自己，让自己幸福。当你自己真正快乐了，就能感染身边的人，让别人收获快乐，同时教会别人去爱你。

由此可见，自爱的人最不自私。

## 二、不配爱

他们的内心有一个心理逻辑，觉得自己不配得到爱，不配享有爱和幸福。

有这么一个来访者，每次想要休息都会有很深的内疚感，因为她内心深处觉得自己不优秀就不配活着——小时候她就形成了这样的心理逻辑。上小学时，她有一回语文考了九十九分，父亲回家得知后大发雷霆，把她的书桌都给砸烂了。

再举个例子，一个长得很漂亮的来访者，结婚后总喜欢折腾和无理取闹，闹得鸡犬不宁，让老公很是崩溃甚至一度动了离婚的念头。

我问她原因。

她说："我也不知道啊，家里只要一静，感觉温馨幸福，我就会忐忑不安、心神不宁，总想找些事来挑衅和测试老公，证明他还爱我。"

其实，这都是因为她内心深处认为自己不配爱，所以总想"实现"这个暗示，以找回童年时那种非常熟悉的"没有人爱"的感觉。

## 三、不会爱

除了不敢爱、不配爱之外，不爱自己的人还有一种心理逻辑就是不会爱。他们是真的不会爱自己，不懂怎样做才会慢慢地活出滋味，并爱上自己。

接下来，我们就来看看，如何去慢慢培养一个人爱自己的能力。

爱自己的能力，也称"自爱力"，又称"4Z自爱力"，这是因为，它一般包括以下四个方面：

第一，自我了解：知道自己是谁，自己从哪里来，自己想要什么，要去往哪里。

爱自己的人通常都很了解自己的所思所想，了解自己的感受，以及内在的心理逻辑。驱使他们行动的往往不是他人的要求，而是自己的内心。

第二，自我接纳：允许自己不完美，接纳自己的虚弱。

一个人应该如何自我接纳，允许自己的不完美呢？

从心理学上来说，要做到自我接纳，需要整合好自己的不足，也就是能接住自己的不足。因为不足往往带来虚弱感，很多人承受不了，就会往外扔（心理学上称为投射），而扔得多了，反射的敌意也多，这样自然就更难接纳自己了。

对此，我们可以选择一些安全的场域去流动、去释放自己的不足，也可以进入一些专业的、有滋养的团体，借助团体的力量进行自我接纳。我们工作室的幸福团体坊已经连续开展了多年，很多人从中学会了自我接纳。

第三，自我取悦：能照顾好自己的需要，有稳定的兴趣爱好，能守住自己的边界，懂得取悦自己。

培养一两个自己真正喜欢的爱好，并以此来取悦自己。将注意力从那些吸引你的刺激物（比如跟朋友去唱歌蹦迪，疯狂满足自己过分的物欲）上，慢慢转移到那些能帮你保持稳定和专注的事物上，这会让我们更爱自己。

一位女士在银行上班多年，感觉工作非常乏味，可是又没有动

力换工作。我们在咨询过程中，发现她非常喜欢唱歌，嗓音条件也特别好，我们就让她去挖掘这一天赋。后来她做上了主播，给一些自媒体录文章，过得非常开心。这份开心，又滋养了她的家庭和工作热情，形成非常正向的爱的循环。

第四，自我力量：相信"我值得""我可以"，养成正确的成长观，而不是宿命观，相信一切都在流动。

《福布斯》杂志二代掌门人马尔科姆·福布斯认为："太多人高估了自己不能成为的模样，而低估了自己所蕴含的潜能。"当你因为别人的成就而羡慕、自卑时，请尝试去理解他们背后所付出的努力和牺牲，以及他们所拥有的资源基础。

要知道，每个人都是独一无二的存在，你的身上可能有着其他人梦寐以求的优点，学会发现你的长处并努力让它发光吧。只有这样，我们才能更好地滋养自己。

接下来，我将通过以下七个维度，进一步探讨如何越来越爱自己。

**一、身体发肤**

每个人来到世界之初，最重要的事情就是吃喝拉撒。所以说，一个人最初在吃喝拉撒方面的满足，决定了他最原始的安全感。

这说明爱自己的第一步，就是要照顾好自己的饮食起居，这里也可以延伸到照顾自己的肌肤和对感官的满足。

我们可以通过努力，来满足自己身体方面的需求，慢慢爱上自己的身体。下面有一个简单的方法，能让我们更好地爱自己的外貌：

找一面镜子，每天对着镜子里的自己说："你很美，有着独一无二的气质和味道。我爱你，爱你的美，也爱你的不完美。我会一直陪伴着你。我会永远爱你。"

**二、内在父母**

理解不完美的父母，接纳原生家庭，与苛刻的内在父母分离，形成不苛刻的内在父母。

从客体关系理论而言，每个人心中都藏着两个"我"。一个是"内在父母"，其内容是我们对自己的现实父母和自己理想父母的内化；另一个是"内在小孩"，其内容是我们对自己童年体验的记忆和自己理想童年的内化。

一个人之所以不敢、不会爱自己，往往是因为内在父母太过苛刻了，让我们感受不到足够的爱。

要想充分地疗愈自己，我们需要跟内在父母和解，做好接纳和整合，具体包括以下三步：

首先和他人建立一个稳定的、有滋养的关系，这个人可以是专业的咨询师，也可以是一个稳定有爱的伴侣；

其次是在关系中不断地进行试探，磨合，学会整合自己的不足；

最后是跟苛刻的内在父母分离，形成一个不再苛刻的内在父母。

正如心理学家所说："一个人，只有真正拥有了某种体验，他才可以与这个体验，连同给予他体验的这个人分离。"

从真正实现分离的那一刻起，我们内心的整合便发生了。整合以后，你所直面的冲突会少很多，而且这些冲突多是现实冲突，而

非内心冲突，你的自我内耗会大大减少。

因此，不会有太强烈的二分思维①，不会因为骂了一句孩子后，就被内疚淹没，不会因为给孩子玩手机就一直纠结他需不需要，慢慢终将做到失意时不恐慌，努力时不再内耗。

### 三、内在小孩

一个不爱自己的人的心理年龄往往停留在童年，而且是受伤时的童年。我们可以通过一些自我暗示和自我催眠，去不断地抚慰和陪伴自己的内在小孩，特别是内在小孩受到严重伤害的时候。

### 四、情绪管理

学会让自己的情绪流动，愿意为自己的情绪负责，搭建好亲友社交关系，随时滋养自我，接住关系中产生的负情绪。

### 五、时间感

心理学家武志红认为，时间感的形成，对一个人的人格发展至关重要。

一旦形成了时间感，我们便知道一切事物都在流动和变化当中，我们的情绪会比较稳定，不容易失控。

从精神分析的角度来看，时间感就是时间知觉，每当婴儿心头升起一个念头，比如说肚子饿了想要喝奶，就必须立即得到满足，没得到满足就会感觉世界崩塌。因为他们还没有形成一个基本的时间感，不知道事情可以通过时间的积累和不断的努力，发生本质的

---

① 二分思维：黑与白，非黑即白的思维，对与错的两种极端想法。

改变。

## 六、空间感

有空间感的人，不会太过偏执，不会有隧洞思维。他们知道条条大道通罗马，知道切换空间，"曲线救国"。

有空间感的人，还懂得边界感，懂得精神独立的重要性。明白爱别人，只不过是扩大对自己的爱。

## 七、信仰

懂得爱自己的人，相信一切事物都会流动和变化，懂得感恩，不会过度向外索取，懂得以付出换付出。他们相信成长论，而非宿命论。相信成长论的人知道命由己造，相信宿命论的人认为一切早就注定。

其实，我们终此一生，并非要说服别人爱自己，而是要说服自己爱自己。要知道，爱自己是1，其他的才是0。没有前面的1，后面再多0也是一场空。

因此，从今天开始，从接下来的每件事开始，让我们一起来打破"不敢爱，不配爱，不会爱"的痛苦轮回，慢慢地爱上自己，形成新的爱自己的体验，继而享受终生的浪漫。

最后，送给你一首来自心理学家斯蒂芬·吉利根的诗：

How could anyone never tell you

怎么会有人告诉你

You were anything less than beautiful

你一点都不美呢

How could anyone never tell you

怎么会有人告诉你

You were less than whole

你不够完整呢

How could anyone fail to notice

怎么会有人没发现

That your loving is a miracle

你的爱就是一个奇迹呢

How deeply you're connected to my soul

你和我的灵魂是如此紧密地相连啊

# 嫉妒之火：如何转化这份损人伤己的情绪？

嫉妒之火一旦燃烧起来，是非常可怕的，会带来巨大的破坏性。在天主教的七宗罪里，嫉妒排在第二位，可见其杀伤力。"股神"沃伦·巴菲特认为，嫉妒是七宗罪里最愚蠢的一个，因为它并不能制造出任何愉悦的感觉，只会让深陷其中的人受尽折磨。

当然，每一份嫉妒，不管对象是情敌还是同事，是闺密还是姐妹……背后都有它的成因，今天我们就一起挖掘一下嫉妒背后的心理动力。

说到嫉妒，有些朋友可能会第一时间联想到这句话：羡慕嫉妒恨。

这句话可以拆成"羡慕""嫉妒""恨"三个词。虽然，它们都是因比较而产生的情绪，却有着天壤之别。

## 一、羡慕

正向情绪。

看到别人有好东西了，虽然也想要，但承认那些好东西是别人的，是他们应得的，我们不会去偷也不会去抢。

别人有好东西，可能会激励我们更加努力，激励我们向他们学习。

这里可以看到，羡慕之中，我们会有一个基本的边界意识，知道什么是你的，什么是我的。在彼此的关系中，羡慕既满足了对方

的自恋，也促进了自己的成长，显然是一种比较正向的情绪流动。

**二、嫉妒**

负向情绪。

觉得别人的好东西显得他高人一等，反衬出自己的匮乏、自卑和虚弱，所以自己受不了，内心抓狂，想要夺走人家的好东西。

举个例子，有两根绳子，一长一短，有人得到了短绳，有人得到了长绳。得到短绳的人有可能会羡慕，有可能会嫉妒。

羡慕的话，就会想办法让自己的绳子变长。

嫉妒的话，就会想办法剪短对方的长绳。

前者指向自己，后者指向对方，结果自然大相径庭。

**三、恨**

严重负向情绪。

这里特别讲由嫉妒产生的恨，即嫉恨，是嫉妒的升级版。

所谓嫉恨，就是看到人家有好东西了，就受不了，而且就算把东西抢过来也不行，会发自内心认为自己不配，不相信这东西会属于自己，所以会产生巨大的恨，想要把这个东西毁掉，这样自己才不被控制。

一般来说，嫉妒、嫉恨有三大成因，分别有着不同的心理特征。

1. 自恋受损

嫉妒狂不愿意为自己的人生负责，常常认为："不是我搞砸了我的生活，而是你把我的生活搞砸的。"

在嫉妒狂眼中，幸福不在于得到，而在于得不到。

中国有一句古话："一碗米养个恩人，一斗米养个仇人。"这句话特别适合形容嫉妒者。嫉妒者有两个心理特征体现他们容易忘掉别人的恩情，一是会把别人给自己东西当作理所当然的事；二是别人给的好东西都是自己想要，但无法靠自己能力创造的，别人在给予自己时，显得自己低对方一等，破坏了内心的自恋，对自恋受损的不满导致内心形成巨大的恨意，恨意会指向那些给自己好东西的人——"我要摧毁你，以此证明我的力量比你强！"

由此可见，在帮助别人时，哪怕对方是家里的保姆，如果发现她嫉恨心理很重，切勿直接馈赠，以免激发她的嫉妒，引火烧身。

2. 原生家庭

一般来说，嫉妒的根源追溯到原生家庭。

（1）被迫跟别人家的孩子作比较

这一点大家都不陌生，"别人家的孩子"可以说是中国孩子的集体公敌。

举个例子，一个来访者在谈到嫉妒的时候是这样说的："上小学的时候，我有两个最要好的同学。她们长得漂亮，家境又好。我虽然唱歌跳舞都比她们好，但是每次老师都会让她们优先展示，还让她们坐在最前排。班上其他女生都是跟女生同桌，只有我被放在最后面一排和淘气的男生待在一起，结果我每天都被欺负。每次比试，虽然我比她们两个成绩都好，但是老师仍然会安排她们去参加比赛，我只能一个人回家。回家的时候，我都会特别难过、恐惧，那种心情至今难忘，妈妈说肯定是我不如别人，长得又丑，成绩也不如人家，

所以才被刷了下来。那时候我觉得全世界都不喜欢我，长大后我还经常梦到那个老师，依然恨她，恨她偏心。"

从中我们可以看到，这一份嫉妒对我们的人生有多大的影响。

（2）父母偏心

孔子说，不患寡，患不均。然而不公平的情况，在中国式家庭中非常常见。

父母偏心，姐妹间就会经常发生争斗；若父母重男轻女，女儿就会嫉妒儿子。

这样的家庭多数都是，被偏爱的弟弟反而难成材，被忽视的姐姐受到严重伤害，而父母也没办法过上更好的生活。

（3）被父母"抛弃"过

嫉妒狂常强迫情侣跟他人断绝一切关系，只与他一个人交往。

这多数是因为他曾被父母严重"抛弃"过，所以他想让她断绝一切可能的三角关系，从而牢牢地控制住这个新的"父母"，以防自己再被抛弃。

总之，一个人如果嫉妒成性，往往不是另一半的问题，而是他自己的问题。

但这个问题，不要从现在的亲密关系中找答案，应该从原生家庭里找答案。

如果你的另一半嫉妒成性，说明他自我价值偏低。我们可以想办法疗愈他，但不要因为他的要求而断绝自己的社会关系。迎合他的各种不正常需求，将是一个痛苦的轮回。

3. 集体潜意识[①]

一般来说，女性会比男性更容易产生嫉妒心理。其中一个很重要的原因是集体潜意识。

中国经历了几千年的封建社会，一直以来，不管是大国还是小家，基本上是都以男权为主，女人得围绕着这个男人而获得资源和空间。争宠的背后，容易滋生嫉妒甚至嫉恨心理，最终导致悲剧——张艺谋的成名作《大红灯笼高高挂》可以算是很好地表现了这一心理。

因此，我建议内心不够强大的女性，少看一些宫廷剧，因为里面有一种横亘了几千年的婚姻价值观和集体潜意识：一个君王，多个老婆，各种妃子乱斗。这会给自我稳定性不太强的人造成不好的影响，如潜意识里的男尊女卑，女人一定要依靠男人，要赢得男人的宠信……这些理念，会在不经意间影响我们的心智和灵魂。

那么，如何才能真正地转化嫉妒之火？

嫉妒之火不仅会伤到他人，更会伤到自己，完全是损人不利己。但我们也知道，任何嫉妒之火，都有其成因和动力，单纯地进行指责并不能真正地解决问题。很多人，他们并不想嫉妒他人，可是忍不住。

那该怎么办呢？如何才能学会疗愈和转化，从而帮助自己更好

---

① 集体潜意识：是人格结构最底层的无意识，包括祖先在内的世世代代的活动方式和经验库存在人脑中的遗传痕迹，受社会环境、集体归属感和认同感影响的意识。

地经营感情和人生呢？以下三点送给你：

1. 看见和觉知

看见是疗愈的开始，觉知是最好的指引。

当我们看到自己在嫉妒他人的时候，我们就可以适当地踩下刹车。

这个刹车不是强制性地告诉自己不能嫉妒——"嫉妒是不好的事情，我怎么这么坏"，而是对自己的嫉妒根源保持好奇——到底是因为自恋受损，还是因为原生家庭，还是另有原因？

然后尝试理解自己，共情自己，拥抱和流动内心的这份情绪。

与此同时，也要不断地给自己创造一些积极正向的情绪体验——不管是为自己，还是为他人，如此才能拥有更高的情绪价值，继而拥有更好的人际关系。

2. 底线和界限

懂得给自己设置底线，如法律和道德的底线。

当一个人有比较明确的"国有国法、人有良知"底线时，他就

**情绪价值** = **情绪收益** − **情绪成本**
（积极的情绪体验） （消极的情绪体验）

会知道，自己再嫉妒，也不能通过行为去攻击他人，否则会遭到严厉的惩罚。

同时，要懂得给自己设置界限，如身体和心理的界限。

当一个人有清晰的"我的""你的"界限时，嫉妒之火就会小很多，心里就会多一层道德范畴内的顾虑，就不太会去"掠夺"和破坏别人。

3. 接住和流动

从前面的分析中可以看出，嫉妒狂隐藏着一个关键的心理："我不相信我能拥有好东西。"

这个心理，往往都是在原生家庭中形成的。婴儿如果得到了好乳汁，就能疗愈嫉妒。孩子感受到公平的爱，就能疗愈嫉妒。

那大人呢？

一方面，我们需要追溯嫉妒的根源——也就是回到"案发现场"去疗愈。我们可以跟那个时刻的自己对话，可以跟那时候的父母对话，从而帮助自己流动积压在内心多年的情绪，达成和解——当然最好是重建断裂多年的爱。

另一方面，我们可以将这份嫉妒升华为羡慕或者动力，在现实生活中创造出一些好东西，让自己慢慢地有配得感。

如此循环，就可以更好地帮助我们战胜嫉妒背后的恐惧，真正将之转化为羡慕，或者奋斗的动力，帮助我们登上更宽广的人生舞台。

# 扩展觉知，拥抱是与非

有这么一个男人，在某公司做高管，一天到晚就想杀自己的老婆。原因是怀疑他老婆有外遇。

他还说，类似的念头已经存在多年，如今都已经想象到该用什么方法去杀，杀了之后该怎么藏尸，以及最后自己是怎么被抓到这些后续的事。

然而，在经过咨询之后，他突然觉知到，他真正想杀的并不是他老婆，而是他妈妈。

因为他妈妈从小就对他极度控制，而且话语也非常恶毒，曾让他和爸爸极度崩溃。但因为孝道伦理的原因，他把这份恨深深地埋藏在了心里，不敢表达，甚至不让它在意识层面出现。

在有了这份觉知后，他立马就放下了杀心，明白曾一口咬定的"老婆出轨"，不过是自己捕风捉影的主观臆断而已。很快地，他跟老婆的关系就正常起来了。

从这个故事中，我们可以发现，觉知原来有这么神奇的功能，可以瞬间改变一个男人、一段婚姻，甚至整个家族的命运——所谓一念觉法，放下屠刀。

那么，所谓的觉知，到底是什么呢？

觉知是最大的容器。

佛家有云："一念迷，即是众生，一念觉，即是佛。"

意思是，懂得觉知的人，往往能在一念之间幡然醒悟，立地成佛，跳出痛苦的轮回，为人生打开一片新天地。

由此可见，觉知是我们的悟性、智慧，也是胸怀，更是内心的房间……总之，觉知是一个人最大的容器，可以装下我们的爱恨情仇，为我们的生活做指引，也可以让我们敢于拥抱恐惧，直面挑战，更有力量地去追寻幸福和梦想。

举个例子，有这么一个来访者，每当春天四月份的时候，就开始咳嗽，去医院检查也检查不出什么问题，一般会持续咳嗽一个月左右才会慢慢好转。

有一次她来参加我们团体工作坊，恰逢四月，她还是不断咳嗽，我问她是从哪一年开始咳嗽的，她说从三年前离婚后开始的。

然后，我让她闭上眼睛回想一下更早期的时候。

她说，在跟前夫在一起的某一年，她生病咳嗽得非常厉害，但那时前夫把她照顾得无微不至，让她感受到从未有过的温暖。

回忆到这，她便觉知了。原来这三年来每年四月份都咳嗽，是因为内心渴求再次得到前夫的关爱。

"心病还须心药医"，之后不到一周，她就不再咳嗽了。而且后来每年四月份，她都没有再咳嗽过。

需要注意的是，觉知不等同于认识。

很多人会这样说："道理我都懂，就是一旦做起来就犯浑。"大家都"懂这么多的道理，还是过不好这一生"。

为什么呢？

其实，这里所说的觉知，跟道理、跟思维层面上的认识有很大的区别。

一般的认识，只是停留在头脑层面上的了解，知识架构的完善，乃至别人的声音和思想上。

而觉知，则意味着对自身有了进一步了解，意味着获得了感受性的认识，往往伴随着深刻的体验。所以一旦觉知，我们的身体或心理就会立即有一些改变。而这，正是觉知和认识的最大区别。

有这么一个来访者，老公出轨了。她觉得很痛苦，认为老公背叛了自己，恨得咬牙切齿。可当她觉知到原来是自己的内在关系模式出现问题导致老公出轨的时候，她开始理解老公了。

她开始自省，发现自己除了夫妻关系出现问题，亲子关系以及跟父母、朋友的关系也出现了问题。通过咨询后，她才彻底地认识自己内在关系模式中出现的问题。

因此，她不但立马放下了对老公的仇恨，反而还有些感激这次出轨风波。

原本，她为了挽回两人的婚姻，学了很多知识，但她老公从她这感受到的还是满满的敌意。如今，她老公感受到了她思想上的改变，主动跟第三者断了来往，两人重修旧好。

这便是觉知起到了作用。

觉知的目的是潜意识意识化，升级防御机制。

从精神分析的角度来看，要想疗愈一个来访者，很重要的一点就是帮助来访者实现潜意识意识化。

举个例子，有一个很胖的来访者，一直忙于减重，试了各种方法，奈何都收效甚微。在咨询后，我们发现，这位四十岁的中年女士小时候遭受过性侵，这让她特别害怕男性。所以她潜意识让自己长胖，模糊自己的性别，减少自己的女性魅力，以达到保护自己的目的。当觉知到这一点后，潜意识就被意识化，她的减肥效果得到了明显的改善。

除此之外，觉知还可以突破和升级我们内心的一些防御机制。防御机制，是一个精神分析学派用语，指的是我们在处理身上的不适感时形成的一些心理层面的防御机制。

以下是我们经常使用到的部分防御机制：

（1）投射

以己度人，将自己的情绪和愿望，尤其是自己暂时承受不了的

负面情绪，投射给别人，让别人承受，从而减轻自己的负面情绪。

所以从某种角度而言，一个人对待别人的态度，往往是对自己态度的隐喻。

（2）内射

内射即形成一个他人的意象，将外界的某些信息吸收到自己的潜意识中，运用到自己的操作系统中。

（3）幻觉化

生活太痛苦，难以面对，却没办法摆脱，脑海中像是一直在放电影，因此不得不幻想一些东西。比如有的人发生车祸和重大灾难后，大脑中会出现闪回现象。

我们启动幻觉化的防御机制，为的就是将亲人已经离开的现实与自己隔离开，保护自己。

（4）投射性认同

投射性认同是对别人投射的东西，潜意识认同了。有一个来访者，三十多岁了，对外投射的还是小女孩的心理。然后她老公认同了，就会觉得她是小孩，自己成为"父亲"，就会用对孩子的方式对待她。

然而，他自己也有情感需求，而"孩子"是没办法满足他的情感需求的。所以两人相处时会矛盾连连，最后男子就从外面寻求满足，有了第三者。

（5）升华

升华泛指从社会不可接受的方向，转向可接受的方向。比如窥探别人隐私是社会道德所不允许的，但不妨碍我们通过学习变成专业的心理咨询师，来名正言顺地倾听别人的故事。

（6）分裂

要么黑要么白，停止在灰色地带会很痛苦。不太敢面对问题和冲突，因为心理能量相对较弱。试图建立的关系一般有两种，要么我完全听你的，要么你完全听我的。

（7）反向形成

反向形成是内心所想与行为表现完全相反。比如小学有的男生喜欢某个女生，不仅不保护反而去扯对方的辫子；再比如某个来访者，明明很恨爸爸，做梦都想杀死他，却表现为格外讨好他，还让老公一起来讨好。

（8）仪式与抵消

仪式与抵消是以象征性的行为、活动、事情来抵消已经发生了的不愉快的事情，好像那些事根本没有发生过一样，以减轻心里的不安，补救心理上的不舒服。比如洁癖者洗手，或者坏蛋做了坏事后忏悔。

（9）转向自身

转向自身是对某人愤怒却不敢表达，转而攻击和责备自己。刀不扎别人，怕被攻击，而是扎自身，导致自我受伤。比如讨好型人格就容易"转向自身"。

另外还有一种伤己更严重的人格，叫作肿瘤型人格。肿瘤其实不是病毒，而是气血不畅而导致的一个凝结块，当一个人的情绪长期处于低谷，经常自我攻击时，就容易产生肿瘤。

（10）置换

置换是将一个人置换为另一个人，就像水从一个杯子置换到另一个杯子。其中客体变了，容器变了，但装的东西没有变。

比如一个研究生毕业的女孩，爱上一个车间工人，因为车间工人身上的味道跟已逝的爸爸类似。其实女孩这是把这个工人置换为爸爸了。悲剧的是，其他的客观情况还是存在，所以他们的婚姻最终没有走到最后。

（11）象征

符号化。把情感象征某个物体。

某个女孩之所以疯狂隆胸，是因为跟妈妈关系疏远，这里的隆胸象征着对母爱的渴望。还有宫廷剧里常出现的扎小人，是把小人当作了自己所恨的人。

（12）压抑（潜抑）

压抑是我们要趋利避害，要好感觉不要坏感觉。人是容易压抑的动物，心理现象常表现为"压抑—释放压抑—压抑—再释放压抑"的循环。

同时，压抑也是自我保护的最有效工具，体现在两个方面：压抑性格和压抑攻击。出于安全感的需要，我们要有剑，也要有压抑剑的剑鞘。

（13）负性幻觉

负性幻觉简单来说就是对某些东西视而不见，选择性注意。选择性不看自己不想看的东西，为的是减少内心的伤害感。

选择性看自己想看的东西，能让自己获得愉悦感。当你梦想拥有一辆宝马汽车时，宝马就可能经常出现在你的视野。

（14）退行

无法应对高水平的挑战，于是退行到低水平挑战中，以寻求自我满足感。比如当遇到重大压力的时候，有的人就喜欢宅在家里，或者离开大城市回老家。

又比如运动功能的障碍，也是一种退行。举个例子，一个十三岁的男孩，被老师严厉处罚后出现下肢瘫痪，但各种医学检查都没发现器质性问题。其实这是心理应激导致的躯体形式障碍。这个男孩有用脚踢老师的冲动，但被规则压抑了，于是用失去运动功能来避免糟糕结果的出现。

（15）向权威偶像认同

比如有些追星族，追星的目的是防御自己内心的虚弱，但有时候却因此增加了自己的弱小感和无能感。

（16）向攻击者认同

比如从小接受家暴的男生，长大后容易认同攻击者力量，容易跟父亲一样实施家暴。

（17）向丧失的客体认同

一个重要的人去世后，你变得更像他了。你以这种方式，把他的形象留在心中，以此就可以更好地接受失去他的事实。这样一来，可降低失去这个重要的人带来的悲伤感。

如上所述，觉知的目的就是让我们的某些潜意识意识化，同时升级我们的防御机制，从而更健康自由地活出自己。

此外，觉知的理想境界能让我们更好地放下对错、是非和对立，拥抱两种看起来完全不同的思想，就像是太极图里的阴阳抱持一样。

举个例子，曾经有一次，我去家附近的大学打球。因为疫情的缘故，学校管得严，不对外停车了。但附近不是很好停车，而且停车场停车费也蛮贵的。看起来，我跟保安是二元对立的关系。

a: 我要停车

b: 保安不准我停车。

以上 a、b 是完全对立的。但后来我们通过觉知放下二元对立关系，没有任何敌对地跟保安沟通，向他说明来意。

保安感受到了我的善意，然后告诉我附近一个可以停车而且还免费的地方，只不过有时间限制。而我刚好只是运动而已，用不了太长的时间。于是，问题就完美地解决了。

韩寒的电影《后会无期》中，有这样一句话："小孩子才分对错，成年人只看利弊。"

这话似乎过于现实直白，但背后却藏着一个很重要的人生哲理。

佛家有云，"不问对错，只问因果"。意思是说，把对错、正反、是非、爱恨等通通放下，只问因果关系，才是真正的"不二法门"。

一般来说，不管是工作还是情感，相对成功的人的思维模式都是目标、行动和方法，与之相反的则是立场、对错和意见。

如你所知，长期停留在后者思维的人，容易活在情绪和恨意中，很难真正地改变自己和影响别人，很难推动完成一个长远的目标。

## 本章回眸

当心灵长期在黑暗中挣扎、煎熬，甚至感觉要被黑暗吞噬时，我们很容易沦落为一个失去力量、希望和方向的灵魂。

然而，正如苏菲派诗人鲁米所说，伤口是光照进来的地方。我们在黑暗的迷途中，哪怕有一丝光明照进我们的内心最深处，点燃我们沉睡多年的觉知之灯，我们都可以尝试着走出漫漫黑暗，疗愈伤痛，并最终破茧重生，完成心灵蜕变。

# 从共生到分离，
# 构建良性亲密关系

**Part3**

# 亲密关系中的三种形态："僵尸""冤鬼""妖精"

在中国式亲密关系中，有三种常见的形态，它们分别是"僵尸""冤鬼""妖精"。

听起来是不是有些吓人呢？

其实，这三种形态只是一种心理隐喻，隐喻我们在情感中的某种姿态和状态——当然，有些真实的人性，或许远远比这些隐喻恐怖，正如悬疑小说《白夜行》中所述，世间有两种东西让人无法直视：太阳和人心。

话说回来，这三种形态，对亲密关系都有着或多或少的破坏力，也有着或短暂或长远的杀伤力。至于它们背后的心理逻辑是什么，以及分别有什么不同，接下来，让我们一一来了解吧。

## 一、"僵尸"

顾名思义，僵硬的尸体。在我国的民间传说中，僵尸特指人死后因为尸体阴气过重而变成的鬼怪，它们双手向前伸直，双腿不停跳跃，除了头部和四肢，身子其他部位难以运动。

僵尸会咬人吸血和传染尸毒，被咬者在尸变之前若得不到救治，也会变成僵尸。

当然，这只是一种封建迷信，大家不用害怕。这里借用过来，隐喻在亲密关系中那些失去了生命气息，没有自由意志，如同行尸走肉，麻木不仁，常年为别人而活的人。

从内在动力来看，一个人之所以成为"僵尸"，是因为其自恋和性本能①被压制，甚至攻击性也被部分压制，所以显得有些僵硬迟钝，说话也容易走神，或者慢半拍，只会机械式地完成任务。

此前有一个来访者，老公出轨九年，还有了私生子，而且还是两个。她带着孩子独自生活，非常艰辛，同时还特别恐惧离婚。

她的脸色可以用素、寡、淡来形容，她的肢体则显得僵硬麻木，整个人如同僵尸。

然而，偶尔她会爆发一回，情绪崩溃，愤怒拉满，但都排山倒海地发泄到孩子身上。

以前有个特别火的游戏叫植物大战僵尸。这个游戏里有一个非常有趣的隐喻：植物对应大自然，对应初心和本心。植物虽然不能动弹，但因为有一颗非常有爱的心，所以能够打败僵尸，打败失去情感的人类。

另外，在中国的僵尸电影中，有一个有趣的设定：一旦用符咒贴住僵尸的脑袋，僵尸就没办法动弹了，会被彻底制服。

这里面的心理寓意是这样的，一旦用带有灵性的符咒封住僵尸

---

① 性本能：性本能不是性格本能的意思。性本能，又称为力比多，是人的生理需要的精神表现，它是人的驱动力，能支配个体去做任何能够引起愉悦和满足的事情。性本能的提出者弗洛伊德认为人的一切活动都是为了追求愉悦和满足，人的一生都是朝向这个目标的。

的脑袋，本来就没有灵魂的僵尸失去了思考能力，就彻底不能动弹，任人摆布。

这就像是在亲密关系中，如果我们没有活出自己，常年被他人洗脑，就只能任他人摆布，或者为他人而活。

说到这里，你是否有些类似的感触呢？

二、"冤鬼"

冤鬼指的是冤死的人，因为死得很冤，阴魂不散，化为厉鬼，回来报仇，或者害人。

《聊斋志异》中的一些女鬼，虽然一开始是美丽、善良且痴情的，可一旦被某个文弱书生辜负、伤害，最终冤死了，就会爆发出冲天怨气，成为厉鬼，残害无辜。

那么，亲密关系中的"冤鬼"，到底是怎么形成的呢？

分享一个多年前的个案：

有这么一个女主持人，老公是开公司的，她一直觉得自己很幸福，可是在四十多岁的时候，老公突然要离婚，而且在正式提出离婚之前，大部分的公司财产都转移了。

她很痛苦，但是为了孩子，被迫离婚了。

离婚后不久发现，原来前夫早就有第三者了，就是公司的助理。然后她就产生了巨大的怨气和怒气，对前夫日日夜夜发出强烈的诅咒。

可怕的是，离婚不到两年，前夫就暴毙身亡了。

她一开始特别开心，但后来反而更加痛苦，因为前夫离世了，没有人给孩子抚养费了，孩子也没有父亲了，她就严重抑郁了，然后就找到我们。

这个故事听起来是不是有些吓人呢？

到底是巧合，还是有某种隐藏的关联呢？

其实，从心理学的角度，我们可以尝试这样去理解：

一个人，如果过度付出，其实是一种自虐，也是一种自我破坏。换句话说，这会杀死自己部分生命力。

当生命力被杀掉一部分时，被杀死的这部分生命力，也就成了"鬼"，并因此有了怨气。

被杀掉的生命力越多，心中的"鬼"就越大，怨气也就越盛。累积的怨气需要出口爆发出来，这时就是"冤鬼"报复的时候了——这份能量，会潜意识影响对方，因为对方也比较了解自己做了亏心的事后，妻子会怨恨和诅咒自己。对方内心在不经意间，被扰动，比如当他在开车的时候，突然感觉有人在诅咒自己（特别是旁边还坐着第三者的时候），那安全系数就明显降低了。

当一个人付出太多的时候，会因此站在道德的制高点指责对方，并引起对方不舒服。为了逃避这份不舒服，能力明显不足的对方往往会通过另一种方式来保持平衡——背叛。

同时，"冤鬼"们付出很多，为了对方牺牲自己，不珍爱自己——这本质上也是一种"自虐"，既然你都可以自虐，那别人自然也会虐你。

### 三、"妖精"

很多男人特别喜欢、迷恋"妖精"，尤其是那些内心善良单纯，外表又充满张力的小妖精。

从心理学的角度来讲，因为没有被超我（道德、伦理和法律）的过度镇压，妖精的自恋和性本能可以得到充分的释放。这让他们带着原始的野性，显得格外有魅力。

白娘子这个史上最著名的女妖，不仅具备中国传统女性的一切优点，温良恭俭，而且还具有现代女性的优点。然而，一旦她的爱情被法海破坏，她便水漫金山，不惜伤及众多无辜。

女妖在这里特指从心理层面上她的内心自恋与性本能太多，但同时也缺一个她的相反的部分——"无欲"的部分。比如《倩女幽魂》里的聂小倩和宁采臣。一般来说，出于人性追求完整的动力，"女妖"往往更容易迷恋"无欲男"。他们互相结合，变得完整，形成绝配，比如白娘子和许仙。

虽然很多人厌恶许仙的懦弱，但对于尚未构建起自我的女妖而言，她必须找一个这样的男人，好在这样一个无欲男所构建的容器中修炼成人，找回自我——类似的组合，还有金庸小说里的黄蓉和郭靖。

对无欲男来说，女妖有两个极大的好处：

1. 无欲男不太懂得表达欲望，妖精可以替他们表达；

2. 他们认为欲望有罪，追求欲望就不是好人，所以"坏"的是女妖，而他们是"好"的。

以上，就是亲密关系中的三种常见形态。

毫无疑问，他们的形成都离不开原生家庭。从某种意义上来说，他们之所以这样，是因为他们在过去的环境中形成了当时能够保护自己的最好的方式，所以其中并无对错，只问因果，业力自承而已。

最后，我希望所有的"僵尸"可以慢慢解放身体，打开心智，解除封印，活出自己的灵魂；希望"冤鬼"都能够化解怨气，懂得情绪的表达和流动，早日重新做人；希望那些美丽的"妖精"可以努力修行，不断成长，早日摇身一变，成为内在善良、外在有力甚至能够照亮众人的仙女。

# 单身有理，为什么我们的爱难以为继？

有这么一位女性，四十九岁，外企高管，事业成功，性格随和，长得也端庄大方。

但她却说："我从没有过一段真正的亲密关系。我想要一段亲密关系，想要了好多好多好多好多年！"

她一连说了三个"好多"，以表达内心对真爱的极度渴求，俨然迷失于沙漠多时的孩子，无比渴望看到绿洲。

在咨询中，我们通过催眠连接她的潜意识，看看她是否曾许下过负面的承诺或誓言从而阻止了自己，使自己无法恋爱，无法走进亲密关系。

随后，她开始泣不成声，身体微微颤抖。多年前的一个场景猛地撞进了她脑海，离世多年的妈妈正搂着年幼的她一再叮嘱。

妈妈说："你永远永远不要信任男人！他会夺走你的一切！"

她妈妈一生受困于两个男人，痛苦煎熬了一辈子。出于对女儿深层的爱和保护，被伤痛吞噬了的妈妈从小就这样教导她。

而这也成为她后来的人生信条，远离不值得信任的男人，远离会夺走自己一切的亲密关系。

其实，类似的心理动力还有很多，不经意间，就让无数女人深受纠缠，面对情缘徘徊不前。

虽然她们看起来像是在拼命地追求幸福，但始终没有办法进入亲密关系中，许多人到老都未能穿起嫁衣，因此抱憾终生。

为帮助大家打开心灵之眼，更好地去觉知那些潜藏在我们内心的枷锁，我一共梳理出了以下八点"单身贵族"背后的心理成因。

**一、心里有人**

一些人看起来无法进入亲密关系，但其实他们早就进入了深度的亲密关系。

只是这个关系亲密者并不是他们身边的男友或女友，而是其他人，比如前男友、前女友——就像网上说的那样，"分手之后，看见的每一个人都像你"，或者"心里住下了一个人，挡住了人山人海"。

当然，还有另一种可能（而且这种可能性还不小），那就是他们心里早就住下了一个异性父母。

比如有一个来访者，多年单身，总是找不到合适的对象。

后来，她做了一个奇怪的梦，梦到自己要结婚了，所有家人都来了，唯独爸爸没来。

我问她："你爸爸去哪里了？"

她说不知道。

我再问。

她还是说不知道。

我说："你要不要闭着眼睛感觉一下？"

她闭上眼睛，片刻之后，突然泪流满面，说道："那个新郎的样子，文弱而胆怯，一声不吭，像极了爸爸。"

看到这里，相信大家已经有所了解，在潜意识的深处，我们可能已经"爱"上了某一个人，给他留下了某个不忍分离的位置——如果再去恋爱，则意味着对这个人的"背叛"。

**二、假性独立**

他们会把进入亲密关系、投入感情当成一种不够独立的表现，一种依赖别人的状态。

他们内心深处把"不独立和依赖别人"视为一件特别恐怖的事，不亚于死亡，所以他们排斥、拒绝亲密关系。但其实，这是一种假性的独立，也是一种被恐惧所驱动的伪强大。

**三、婚姻恐惧**

婚姻恐惧即对婚姻有极大的恐惧。他们从父母或者其他人的婚姻中所感受到的，都是缺乏滋养和恩爱的关系，是非常痛苦甚至绝望、崩溃的，所以很自然地打心眼儿里排斥婚姻。

有位母亲的婚姻生活过得非常卑微、痛苦，其女儿在生日的时候许愿说："我希望，我们姐妹仨长大后都不要结婚。"

值得一提的是，如果父母中有一位过世，而且让孩子感觉到是另一位所导致的，那会大大地加重这份恐惧。

**四、性的恐惧**

有这样一个来访者，说到性的时候第一时间会联想到棺材，而后会联想到骷髅。

可以想象，在这个来访者的心目中，出于某个创伤，将性跟死亡捆绑在了一起。那自然会让他在潜意识中选择保护自己，排斥任何性生活——显然，这会直接影响他的情感和婚姻。

### 五、负性催眠

父母或其他养育者，出于个人经验，传递给晚辈一个有关婚姻的负性结论，而晚辈一旦被迫认同了，便会选择远离亲密关系。

比如文章开头提到的那个女人，四十九岁仍然未婚，只因在内心深处被母亲种下了一粒负性的种子，后来种子便慢慢长成了参天大树，挡住了她人生路上各种"洪水猛兽"般的男人。

心理学家张久祥在《一念光明：写给中国人的抑郁自救指南》一书中提到，好像水和冰之间的临界点一样，负性和正性在转化之间，也有一个临界点。

一旦我们通过觉知看见了负性，就已经慢慢开始靠近这个临界点了，如果此时再能获得一些确认和可控的感觉，流动一些恐惧的感觉，则可以很快朝着正性转化。

### 六、强迫性重复

很多条件优秀的女性，比如一些女主持人或女明星，虽然一次次地努力追求爱情，但始终无法修得正果。

究其原因，并不是运气不好，而是她们在内心深处容易陷入强迫性重复的动力中。

这让她们只对某一类异性有感觉，而对很多合适的人无感。她们会带着强烈的感觉进入关系中，同时渴望把对方改造成理想的伴侣，最终都徒劳无功，落得伤痕累累。

## 七、认同亲人

家族里有个成员一直未婚，孤独到老，结果被家族过度忽视、否定，甚至被排除在外。

出于家族动力的平衡，后一代可能会认同这个成员，让自己单身，以表达对家族的爱和忠诚。

可以看到，这是一份非常隐秘的力量，我们很多人会在不经意间纠缠其中。唯有真正地看见，勇敢地面对，才能开启疗愈之旅。

## 八、叛逆心理

《心理访谈》的一期节目中曾讲到一个日本留学生的故事，回国后十年没有结婚。心理专家问他为什么会这样。

一开始，他会说各种客观原因。

最后，他才说出了真相："我恨妈妈，我想证明妈妈对我从小到大的教育是错误的！"

也就是说，他要完成这份曾经不敢完成的叛逆。妈妈越是希望他结婚生子，他就越是不想，以证明自己的意志能够"活"下来。

类似的心理在很多人身上都会有，小的时候，因为力量弱小，他们被迫听话，压抑了太多心声。

长大后，他们为了所谓的"活出自己"，哪怕用尽一生，也要完成叛逆，以证明某个养育者的错误。

有些人可能出于以上八种心理的其中一种，而跟关系亲密者分道扬镳，形同陌路；有些人则可能叠加了好几种心理，备受折磨，彻底与爱绝缘……

可以想象，这会大大地阻止我们进入亲密关系，更会阻止我们享受真正的幸福。

唯有看见，才是真正疗愈的开始，唯有勇敢面对，才能真正地走向幸福之路。

当然，有条件的朋友，可以借助专业咨询师的帮助，从内心深处享受生命的馈赠和终身浪漫之旅。

那么一段痛苦的感情，到底该不该继续？

多么遗憾，一段感情，处着处着就淡了；

一段婚姻，逃不过七年之痒，激情不再了；

一段关系，谈着谈着就变成了一潭死水，问题连连，冲突绵绵，甚至互相攻击，用史上最恶毒的话语攻击着彼此的软肋；

......

就这样，曾经绵延无际的爱，变成了暗夜无边的伤；曾经甜到心头的蜜糖，变成了痛彻心扉的毒药；"曾经沧海难为水，除却巫山不是云"，如今却变成了"天长地久有时尽，此恨绵绵无绝期"......

怎么办？

是要继续守着过往爱情燃尽后的残迹，痛苦地煎熬着，期望着有一天对方能够回心转意，再续良缘，还是干脆一刀两断，怒斩情丝，从此一别两宽，好聚好散？

对此，可能很多正深陷情感泥潭中的朋友，希望有一些建议，能够让自己擦亮双眼，打开慧心，做出正确的选择，从此无怨无悔，人间值得，大踏步地往前走。

其实，在很多年前，刚入行从事咨询的我也会适当地给一些建议。

对于是否坚守这段感情需要从以下三个方面考虑：

**有钱** --------------------------------------------------------------

不是指对方要有多富裕，而是对方得有一定的经济实力，并且愿意为我们花钱。

对方不会把自己的钱都存起来，而让我们花钱，甚至让我们把父母的养老钱都挖出来，用来支付家庭的主要家用。

**有人** --------------------------------------------------------------

这个人要忠诚，让人有家的感觉，哪怕话不多，也能够经常陪伴左右。

**有趣** --------------------------------------------------------------

无论男女，有趣都是一项很加分的魅力点。有趣的人能为伴侣提供很好的情绪价值。

然而，奇怪的是，当一段关系严重缺乏以上三点时，比如对方不愿意为你花钱，而且也不忠诚，甚至经常冷暴力……可依旧有不少人，还是不愿意放弃，内心甚是挣扎和矛盾。

由此可见，单纯的建议并不管用。

很多人看起来像是想要一个答案，其实只是通过"要答案"，去缓解自己痛苦而纠结的情绪而已。

那这时，我们应该怎样去评估自己的这段感情呢？或许以下三点，更值得我们去思考。

## 看见

爱情，可以说是人世间最大的一场冒险。

婚姻，更有着太多生命难以承受之重。

既然如此，我们需要尽可能地做一些功课，而不是简单地把命运交给运气，或所谓的缘分。

其中一大功课，就是学会看见自己亲密关系背后的模式。

一些常见的、互虐的关系模式有依赖与控制，圣母和巨婴，迎合和指责，焦虑和回避，僵化和随性等。

如果我们的关系模式恰好是以上其中一种，那可能意味着，我们表面上追求的是幸福，但其实是在追求内心人性的完整。

这也意味着哪怕另一半没钱、不忠、无趣……我们也愿意跟他在一起，因为本质上这个关系模式在此。我们虽然痛苦，但也在间接"受益"着——这一点，需要我们用爱看见。

看见，是所有疗愈的开始；看见后去理解自己，则是成长的开始；让周围爱我们的人一起看见，则是帮助我们拥有更多能量，重塑内心爱情模式的开始。

## 评估

当用心"看见"了之后，我们还需要评估一下当下的相处状态、年龄资本、金钱储蓄、内在力量、外在支持……从而得出一个相对客观的结论，看看自己接下来有没有力量和信心，付出时间和代价，去重新塑造一个新的关系模式。

有一个来访者的妈妈已经年过古稀，有三十年左右都是用一种互虐的模式和老公共同生活着。

对此，来访者很痛苦，一直在劝说妈妈离婚。

可妈妈死活不同意，无论在婚姻中多么痛苦。

在这样的情况下，我们真的没有必要强行改变妈妈，试图帮助她摆脱这份关系，因为她一定是从这个关系模式中有所受益。

如果强行去结束这段感情，则可能会给她带来更大的创伤和痛苦。

我们能做的是，首先尊重妈妈自己的选择；其次更好地帮助妈妈去适应关系，并且适当地跟父亲和解，帮助父亲化解内心的一些东西。

## 成长

如果我们已经看见了自己的关系模式，也评估了改善和重塑的可能性，那接下来就可以努力自我成长了。

一段煎熬的感情意味着前有狼，后有虎——前面的狼指的是对未知的恐惧，想要分开但是又不敢分开，后面的虎则代表着我们在这个关系中所受的苦。

那这个时候，最好的办法就是自我成长，比如参加一些专业的心理成长工作坊，让自己的内在力量慢慢地提升，同时交往更多志同道合的朋友，让外在的支柱慢慢地变多，直到我们有足够的力量去面对前面的狼和后面的虎，有更大的选择自由，而不是一直被动地受恐惧驱动，这样我们才能在这段亲密关系中保持独立，并且减少被伤害的可能。

须知，站在低谷中的人看到的风景，跟站在半山腰的人所看到的风景肯定不一样。

吃饱了的人在大街上看到的风景，跟饿着肚子的人在大街上所看到的风景也肯定不一样。

我们可以享受在低谷时所看到的任何风景，但同时也要对"去到不一样的心灵层级"后所看到的东西保持好奇。

任何一段关系，之所以存在着，都有其理由，"存在即合理"。只有充分尊重和接纳这一点，才能更好地结束或者继续这段关系，继而真正地走上陌生却终究会熟悉的幸福之路。

# 为什么爱着爱着就散了？决定关系发展的三大动力

众所周知，关系就是一切，一切也取决于关系。至于关系的质量，则取决于我和你的连接欲望①和连接程度②。

独上高楼，望尽天涯路，我如何才能遇到你？

人海中相遇，风雨中相识，你今夜为何想要拥我入眠？

五年之痛、七年之痒，我为什么突然爱不动你了？

……

这些就是关系的动力③。

所谓动力，就是在关系之间能量的指向和流动。

不管是同事间、恋人间还是伴侣孩子间，如何去引导心理动力，决定了一段关系的质量和发展。

---

① 连接欲望：代表我与对方的关系想要连接的欲望有多少，有些可能想和对方一直建立长久的关系，连接欲望可能会更强。

② 连接程度：与对方的关系连接度有多深，比如有些来访朋友说我愿意和哪些人建立关系，而且愿意打开自己的内心，与真实的自己碰撞，这样就能连接比较深，有些朋友可能只是泛泛之交，只是很浅层的连接。

③ 关系的动力：是指我和你与世界的关系（"我"是自体，"你"是客体，关系就是"我和你"，动力就是"我"总是在寻找"你"。世界的本质是关系，自我就是由无数的"我和你"组成的，自我 = 关系 + 动力）。

接下来，我们就来看看，一个人面对关系、生活乃至人生的动力来源到底是什么。为了更通俗地理解，我把它总结为"123动力源"。

## 一、大动力源：存在感

客体关系理论认为，"我"永远在寻找"你"，自体永远在寻找客体。就像一个婴儿，永远在寻找妈妈或者妈妈的乳房，因为后者意味着温暖和安全感。

然而，往更深处来看，存在感是一个生命最重要的意义。这也意味着，"我"永远要确认自己的存在，确定自己的价值，寻找"你"，也是为了自己。

基于这个动力，在情感关系中，一般会出现以下两种情况：

（1）安全性依恋关系中长大的人，很容易通过自己内心"某个有爱的影像"，照见自己的存在，形成足够的安全感；

（2）非安全性依恋关系中长大的人，很容易形成情感依赖，人格不独立，甚至极端的依附。因为"我"找不到自己的存在，只能通过找到"你"（比如老公，或者儿子），通过"你"的行为，照见"我"的存在。

通过"你"，"我"才能找到自己，继而有稳稳的安全感，否则就会非常焦虑、恐惧甚至愤怒，表现在行为上可能就是"无尊严地讨好"、索爱和无底线的容忍。

以上，就是人类的第一大动力源，刷存在感找自己，正如鲁米的诗所说：

我为什么要寻找他呢？

我不就是他吗？

他的本质透过我而显现。

我寻找的只是我自己！

## 二、本能动力：死本能和生本能

接下来，我们从另一个维度去看人的两大基本动力，从而更加深入地理解我们的言行举止和爱恨情仇。

弗洛伊德认为，人有两大本能：生本能和死本能。对此，应该怎样去理解呢？

人一旦来到这个世界，就会渴望活着，所以会吃、会喝，这些都是生本能驱动。

但同时，生命在出生的那一刻，就开始走向死亡。它是一股与生俱来的，要摧毁秩序和回到前生命状态的冲动，也就是死本能了。

有趣的是，生本能与死本能并不是完全分离的，而是会相互中和甚至互相代替。例如，吃东西是为了满足生本能，而吃东西时的咀嚼、吞食行为又是死本能的体现。

在每个人的身上，都交织着这两大本能，只是比例不一样而已，比如小孩子，有更多的是受生本能驱使；至于老人家，则是死本能驱动更多。

前者指向生长和滋养，后者指向攻击与破坏。

两者的最大区别在于是否在关系或自体中被接住，被看到，被流动。

从关系的角度来看，受生本能驱动的人，勇于追求幸福，有存在感，不将就，哪怕遇到苦难，也有勇气面对。

被死本能驱动的人，习惯逃避痛苦，害怕分离，不敢担责，情绪不稳，容易剑走偏锋。

具体到婚姻中，会出现以下两种典型状态。

1.死本能驱动的个体害怕孤独，没有安全感，想要有个人疼爱，所以才找对象。这样的婚姻容易形成依附和情感依赖，如果对方忍受不了，就容易导致危机。

2.生本能所驱动的个体，为了追求幸福，为了爱，会互相成就，彼此都能找到对方身上的精神价值，二者三观相合，相互滋养。

### 三、基本动力：自恋、性和攻击性

人的动力源，如果继续往下分的话，还可以分为以下三种。

#### 1. 自恋

自恋是每个人与生俱来的本能，没人不喜欢听好话，因为它满足了我们的自恋需求。

所以，如果沟通只有一个法则的话，那我建议大家：满足对方的自恋（俗称拍马屁）。

然而，一个人如果自恋过度，往往会变成全能自恋。

精神分析认为，一岁前的婴儿都处于全能自恋的状态。处于这样心理状态的人，会觉得自己是神，发出任何一个念头或者动力，世界就该回应自己，否则就变成魔，恨不得毁了世界。但更多的时候，婴儿通常会因为行动不便，在家人照顾得不好时陷入无助的状态。

正常的滋养关系，会让一个人走出全能自恋，进入正常的自恋。

然而，不少的家庭关系，却不具备这样的功能，对孩子要么溺爱要么忽视，这都容易让一个人固着在全能自恋的状态，哪怕身体已经成年，心智却还没有成熟——也就是所谓的发宝气。

比如有这么一个来访者，她会觉得自己到哪里都很重要，尽管客观上她并不是每去到一个公司都会有这样的自恋感，人人都会喜欢她。只要最初的热情寒暄阶段一过，人家对她正常化了，她就容易暴怒，搞砸同事关系，继而很无助绝望，然后就离职了。她去了很多家公司都这样，最终她就不愿意上班了，宅在家里，以避免自恋受损。

活在全能自恋的人，用武志红的话来说，往往会出现以下四种状态：

$$\boxed{全能自恋} \rightarrow \boxed{自恋性暴怒} \rightarrow \boxed{彻底无助} \rightarrow \boxed{被迫害妄想}$$

**全能自恋：** 觉得自己是神。老公必须围绕着她转，她的任何要求老公都得无条件满足，不满足她就会闹。

**自恋性暴怒：** 老公不围着她转，她就感觉老公不愿意满足自己了，就开始生气、暴怒，觉得老公不爱自己，闹得鸡犬不宁。

**彻底无助：** 发现怎么闹都没有用后，她就变得无助，觉得生活无意义，甚至想自杀。

**被迫害妄想：** 把所有问题指向某个人，比如，认为全是因为老公背叛才造成现在这种局面，老公没有责任感。

了解了全能自恋后，我们来看看自恋的另一个维度：实体自恋和虚体自恋。

实体自恋的人，自我价值感基于内心，所以他容易"不以物喜，不以己悲"，不会因为外在条件受到很大的伤害。

虚体自恋，简单来说就是好面子，自我价值观跟外部条件紧密联系，比如美貌、金钱、社会地位和名气等，这些东西潜意识都无法识别，只有头脑和世俗能识别，所以外在条件一旦变差，自恋就会受到巨大伤害。

比如有这么一个女企业家，做教育培训非常成功，还上了电视，一次学生被打事件却勾起了这位女企业家的内在伤口，并一直没能走出来，从此一蹶不振，抑郁绝望，连家门都不敢出了。

由此可见，她之前的自恋不过是镜花水月的虚体而已。

那么如何才能更好地形成实体自恋呢？

心理学家科胡特认为，投入爱，投入喜欢的事情里，就可以产生内在的幸福感，这就是实体自恋的养分。

另外，经常保持内观和觉察，多培养一些滋养心灵的习惯，比如阅读、听音乐、冥想，都是有效增强实体自恋的方法。

就我而言，最开始，是文学培养了我的实体自恋。记得中学时，家里没有电视，我几乎啃完了我们那个小县城图书馆里的所有文学作品，从中吸取了大量的养分，让我在今后的生活中变得更加豁达乐观，内心也更加坚韧、有力量。

2. 性

性是对关系的渴望，按照弗洛伊德的理论，性无处不在。

不过，我这里不宣扬泛性论——个人也不是很认同，只是借此说明一下性的重要性。如果你觉得这个词不太文雅，我们也可以换成"爱"字，有着同样的隐喻。

孔子在《礼记》里讲："饮食男女，人之大欲存焉。"意思是说，跟吃喝一样，男女之性事也是人的原始本能。

从生物学和基因的角度看，所有生物都是基因为了生存而造出来的生存机器，所有生物的行为都是为了保证基因的传递。

男女性欲旺盛的年龄阶段不同。二十五岁左右是女性的最佳生育年龄，这时期的女性性吸引力最强，之后开始下降，但性欲却开始增强，增大繁殖的可能性，而男性性欲最强时期却是在十几岁到二十几岁之间。

不仅如此，男女性欲还伴随着竞争力。有野心的女性通常会变得男性化，性欲也会更强。不论男女，富有创造力的人也大多性欲旺盛，毕竟生殖力也是一种创造力。这么说来，人类文明似乎是建立在雄性荷尔蒙之上的。

由此可见，男人在潜意识深处，藏着一份或大或小的渴望：成为真正的王者，打败其他男性，获得更多的资源；至于女人，则可能藏着另一份渴望：嫁给或者养出一个有竞争力的王者。

既然性是人类的本能之一，那么最好的办法就不是堵塞，把它视为洪水猛兽，而应该适当地引导，或有智慧地升华。当然，过度满足，恣意乱性，也是有问题的。

有调查显示，在青春期横行霸道的人成才的概率比较低。所谓成才，就是将性欲和攻击欲的原始能量升华成文明社会认可的一份才能。

那些在校园里横行霸道的孩子，既充分表达了攻击性，又容易获得女生的青睐。可他们被满足得太早了，因此容易缺乏欲望。

所以，我们应该将生命动力提升为一种持续的，并且能被文明社会所接纳，最终帮助自己真正在社会中获得成功的东西。

### 3. 攻击性

如果说，性的意义在于让关系拉近，那么攻击性，就是让关系变远。关系变远了，有一个很大的好处：自由。

匈牙利爱国诗人裴多菲·山陀尔的《自由与爱情》这首诗大家一定耳熟能详："生命诚可贵，爱情价更高。若为自由故，两者皆可抛。"

其实，这里的自由，可以理解为攻击性。

精神分析认为，一个人修行好攻击性是非常重要的。攻击性是人类的一个本性，剥离了攻击性的人，也就剥离了本性，同时剥离了生命力。这就是为何精神疾病严重的人，如躁狂症或者抑郁症患者，借助药物治疗后虽然可以稳定病情，但伴随而来的就是反应迟钝，一副了无生气的样子。

很多人，不敢伸展自己的攻击性，害怕被反击，也害怕自己的攻击性伤害到别人，因此就会表现出讨好和顺从——他们往往以为

自己过于善良或者心软，但这会造成过度压抑。压抑久了，就可能突然火山爆发，给关系带来更大的破坏。

那么，一个人如何才能更好地修行好攻击性呢？心理学家武志红认为，可以为自己构建一个"攻击性会带来好关系"的"环绕音"：

第一，找到那些现实中的例子，你会发现，那些在人际关系中嬉笑怒骂的人反而拥有更好的人际关系。你可以把他们特别是你身边这样的人当作榜样，去了解他们是怎么做到的，甚至可以去采访他们。

第二，找到那些影视剧、小说中的例子，那些你特别羡慕和喜欢的，甚至可以把他们的海报放到你的房间里、电脑上，把他们当作榜样。

第三，再找找看，找到能够帮你打开攻击性的音乐、声音、书本、课程等。

第四，找到你自己曾因具有攻击性而获得好感的例子。

你肯定有过这样的时候，你表达了攻击性，结果更受欢迎了，好好去理解这样的事例，理解你在这些事情中的身体感受、情绪情感和想法，记住你最清晰的身体感受，不断去体验这些感受。

所有这些努力，就构成了一个立体影音世界，环绕着你，让你浸染其中，形成体验，从而逐渐改变你。

与此同时，我们还可以尝试找一些相对安全的关系去体验，逐渐积累经验。我们也可以不断地学习沟通技巧，学会更多的与冲突共存的艺术。

如上所述，从存在感到死本能和生本能，再到自恋、性和攻击性……这些就是我们每个人的内在动力源了，它们在不经意间决定了我们和别人的每一段关系，影响着我们的生活和事业。

经过这样一番梳理，你对人心和亲密关系是否有了更深刻的了解呢？

# 反社会人格：如何擦亮眼睛，远离美丽的"食人花"？

在过去的几年里，我们不幸看到了很多亲近之人之间发生的惨案，从这些惨案中，我们可以看到两点共性：

第一：发生在亲密关系中；

第二：凶手"反社会人格"。

后者乍一听，确实让人毛骨悚然，心生惧意。

然而，这类群体的心理逻辑到底是怎样的呢？

如何才能更好地判断和应对呢？

一般来说，"反社会人格"的心理逻辑是这样的："我永远是对的。我想要一个东西，就一定要得到它，不管用什么方法，不管别人会受到多大伤害。"

在电影中，我们经常可以看到"反社会人格"人员作案，比如经典电影《沉默的羔羊》中，安东尼·霍普金斯所扮演的汉尼拔·莱克特博士就是一个高智商、冷酷无情的反社会人格代表。

值得一提的是，反社会人格者在电影中常常被描述成了"变态杀人犯"，这实际上过于夸大了。

很多高智商反社会人格者，是社会上的成功者。在没有因为某些出格的事情触犯到法律底线之前，他们往往是很多人羡慕的对象，所以反社会人格者也有着"食人花"的雅称。

据研究表明，反社会人格的发病比例接近4%，他们不理解情感，但是懂法律；他们善于伪装，精于"表演"；他们为了达到目的，不择手段；他们行动力强，事业很容易成功，所以在社会层面，是一种非常受欢迎的人，就像电影《消失的爱人》里的女主角。

然而，一旦进入亲密关系，另一半则可能面临痛苦的遭遇，甚至付出惨痛的代价。

反社会人格者是高度自恋的情感淡薄者，其最大的特点是无法体会到正常人的情绪和感受，习惯把自己的快乐建立在别人的痛苦之上。

他们不会觉得自己伤害了别人，也不会为自己伤害别人的行为而产生愧疚。他们的情感反应通常是伪装出来的。

我们去看一些伤害亲人的罪犯，他们日常的行为习惯和性格特点，就可以发现，这些人有着很强的反社会人格属性，甚至有些罪犯因为长得特别帅，又有着独有的魅力气质，所以很容易吸引到某些女性，以致最终酿成悲剧。

作为"食人花"，反社会人格者的表达力和举手投足都有一种极致的流畅感，因此他们具有特殊的魅力。

为什么会这样呢？

一般能流畅表达的人都是内在很少冲突的人，如充分活出自我的人，以及身心合一的人。而大多数的人，心中往往同时有两股甚至多股力量，这些力量还经常互相矛盾。

"食人花"恰好也是内在很少冲突的人，他们的举手投足几乎时时刻刻都这么流畅，哪怕在虐杀动物甚至人类时，也一样毫不犹豫。

在我们不知道他们会极端作恶时，通常情况下，我们能看到的只是他们普通状态下的流畅行为，往往会羡慕他们，容易被他们迷住，觉得这样的人活出了自我，活出了真性情，有能力，够洒脱。

**4**

据新闻报道，日本女子木岛佳苗交往过三十余位男子，前后敛财一亿日元，半年内谋杀了其中三位，同时还完成了烘焙培训的大大小小考试，并更新了两千多条关于养狗和烘焙的博客。

不仅如此，她在被关进监狱后还恋爱结婚了，她的丈夫认定她是被冤枉的。

说到这儿，可能有人会猜测，这个木岛佳苗一定美如天仙，心如蛇蝎吧。

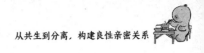

其实不然，她不但长得胖，而且其貌不扬。

可她为什么这么有魅力呢？不仅能骗这么多人，还能完成烘焙考试、在网上写这么多文章，这是为什么呢？

因为她是典型的反社会人格者，内心没有太多的冲突，有可以流畅地表达自己的动力，没有太多的内耗，再加上智商比较高，自然就能够如鱼得水地做这一切了。

前文讲到，弗洛伊德把一个人的人格分为本我、自我和超我。

所谓超我，就是道德、伦理、规范、良知、制度、法律等。一个人有了超我，才会懂得承担责任，有能力去反思自己的行为。

而反社会人格者，往往就缺乏超我，或者说超我的力量不够。他们做事更多的是遵从本我，根据内心的欲望和本能行事。

一般来说，他们无社会责任感、无道德观念、无恐惧心理、无罪恶感、无自制力、无真实或真正情感、无悔改心——统称七无之人。

可以想象，一个人如果想要什么，就去要什么，这是多么可怕。如果这个人恰好是你的伴侣，那将会是一场不折不扣的噩梦。

6

对于这样的人，我们到底应该如何去鉴别和应对呢？

对此，美国精神病学家克列莱总结了关于评定反社会人格的十六条标准：

（1）表面迷人和良好的智力。

（2）没有妄想或其他荒谬的思维障碍。

（3）没有其他精神病、神经症的症状。

（4）不可靠，没有责任感。

（5）不真实、不忠诚。

（6）没有悔过或自责的心理。

（7）反社会行为缺乏充分的动机。

（8）判断力差，不能从过去的经验中吸取教训。

（9）病理性自我中心，不能真正地爱和依恋别人。

（10）缺乏主要的情感反应。

（11）缺乏洞察力。

（12）在一般的人际关系中不协调。

（13）无论是否饮过酒，都出现古怪而令人讨厌的行为。

（14）很少有自杀行为。

（15）轻浮而不正当的性生活。

（16）对生活没有计划和长远打算。

如果你发现身边有朋友，符合以上十六条标准的五条以上，那么我建议你，还是尽早地远离吧，保护好自己。

如果你交往的对象恰好是这样的人，那更要做好心理准备，及时止损，也可以咨询专业的咨询师，提前做好必要的心理干预——当然，该放手时就放手。人生有太多的美好，生命有太多的阳光，犯不着为了某朵"食人花"，毁掉我们本该幸福而丰盛的余生。

# 妈宝男：传说中的"妈妈宝贝"和"幸福克星"

传说，这世间有一种奇男子，被称为妈妈的宝贝，是女人的噩梦和幸福的克星——这就是江湖上骇人听闻的"妈宝男"，也称"巨婴"。

在亲密关系中，但凡摊上这样的男子，就像是身中奇门剧毒一样难受：一开始，男人披着"暂时不成熟但贵在人单纯而且嘴巴甜"的外衣，给你不错的印象，可随着关系的逐渐深入，空气中开始慢慢弥漫着硝烟的味道，一时间"山雨欲来风满楼"，特别是孩子出生后，仿佛一夜之间，关系便急转而下，处处风声鹤唳。

倘若这时候，男人的妈妈横空介入，大包大揽，那就会让关系更加糟糕，难以自愈。

到底什么样的男人才是"妈宝男"呢？

真的有传说中那么过分吗？

"妈宝男"，顾名思义就是听妈妈的话，基本上都以妈妈的意见为主，在回答"妈妈和老婆掉入水中先救谁"这样的经典问题时，会毫不犹豫地选前者。

需要简单细分一下：低阶版"妈宝男"的口头禅是"我妈说……""我问问我妈""我也想这样，但我妈不同意，我也没办法"等；高阶版"妈宝男"的口头禅是"我妈多不容易，对老人家要孝顺。老人家辛苦了一辈子，你让着她点不行吗？！别跟她计较了……"类似这样的话。

不管是哪一类，都会让深陷其中的女性特别痛苦，而且很难找到破解之道。

为什么"妈宝男"有这么大的杀伤力？

接下来，我们一起从三个维度揭开它的神秘面纱。

**（1）对老婆**

男人和妈妈，是在心理上紧密地捆绑在一起的战略同盟——夸张点来说，就像是几十年前还在妈妈的肚子里一样，他们相互依存，病态共生。

共生的本质是，圣母照顾着巨婴的生活，并且同时控制着巨婴的精神，所以圣母的儿女会显得特别幼稚。

而任何想进入共生关系中的人，都会被视为入侵者，因为"外人"的介入，可能会导致"我们"这个集体自我瓦解。

所以，毫无疑问，被"妈宝男"伤害最深的往往就是儿媳妇。

《二十四孝》中，记载了很多孝顺的故事，一些名人如海瑞等，

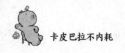

都是出了名的大孝子。

然而，他们对老婆的态度却非常恶劣。

当然，过去几千年的封建社会中女性地位较低，这有历史层面的原因——哪怕是青史留名的人，也很难超脱于历史环境之外。

然而，如今一些"妈宝男"，他们对待母亲和妻子的态度，却很极端：对母亲有多好，就对妻子有多坏。

### （2）对"妈宝男"

当一个人总喜欢说"我妈说……"那必然意味着，他和妈妈处在病态共生的关系中，而且他妈妈是这个关系的话事人，"妈宝男"是听话者。

这也意味着，在和妈妈的病态共生关系中，"妈宝男"实际上并不享受，相反会非常痛苦。

从心理层面来看，这是一种分裂。"妈宝男"会将妈妈的形象分裂成"好妈妈"和"坏妈妈"。

然后，在亲密关系中，他们会不自知地把"好妈妈"投射给自己的母亲，而把"坏妈妈"的形象投射给妻子、女儿，以及其他女人。

这样的分裂，会给家庭带来巨大的冲突，继而给自己带来痛苦。

武志红曾分享过一个案例，说有一个来访者因为怀疑老婆出轨就想要杀死她，但事实上他并没有证据。

事情的真相是，每次这个来访者的妈妈从老家来住上一两个月时，他想要杀妻的念头都会特别强烈。

所以，他真正想杀死的是谁呢？

### （3）对妈妈

在过去多年的临床咨询中，我碰到过不少"妈宝男"，他们成长后会出现一个共性，在内心深处，他们压抑着对妈妈巨大的愤怒。

这么多年，妈妈让他们形成了依赖，感觉还不错，但与此同时，他们又特别想摆脱这个依赖，让自己长大，有足够的自由，所以就会形成愤怒。

对于这份愤怒，他们往往压抑在内心深处，并将之投射给其他人。然而，愤怒终究还在那里，所以对妈妈也会造成长远的伤害。

此外，妈妈需要一直扮演"为'妈宝男'擦屁股"的角色，比如有一个来访者的婆婆，直到八十岁，还在给儿子的两个前妻钱，给孙子抚养费。

可以看到，作为"妈宝男"的妈妈，她们也是痛苦的。她付出了很多，跟儿子的关系进入了恶性循环。

说到这儿，你一定好奇，"妈宝男"到底是怎么形成的呢？武志红认为，"妈宝男"的形成，往往跟以下三个阶段有关。

**第一阶段：婴幼儿**

在婴幼儿时期，孩子尚处在以自己为中心阶段，愿意和妈妈共生，然而这种要求并没有得到满足，以致出现爱的匮乏。

**第二阶段：长大一些后**

等孩子大一些了，妈妈反过来要和儿子强烈地共生在一起，并且在控制孩子时非常执着，最终导致对儿子意愿的绞杀，同时，补偿性地满足了儿子对亲密关系的一些渴望。

**第三阶段：三岁后**

妈妈和儿子身体上过度亲密，例如，长大了还嘴对嘴亲吻，同睡一张床甚至一个被窝，这导致孩子有严重的羞耻感，即对母亲有了性唤起，可这是绝对不应该有的，因此他觉得很羞耻。

这样的关系持续到了青春期，也就是孩子上中学时，更严重的会持续到孩子上大学时。

一个来访者的男友毕业后偶尔回家，他妈妈晚上睡到一半睡不着，就会到儿子的床上睡觉。

最让人咋舌的是，她男友还不以为意，说："也没啥呀，我从小到大妈妈都这样。"

这个男人所在的家庭是单亲家庭。他妈妈在离异后，失去了平行关系的依恋，从而把过多的情感投注在孩子身上，不经意间培养出了"妈宝男"。

倘若一不小心遇上了一个"妈宝男"，那应该怎么办呢？

**（1）远离**

如果两人还没有真正地在一起，或者刚在一起还在磨合期，那我建议咬咬牙，铁了心，"三十六计，走为上计"。这样的男子做朋友挺好，做男闺密挺棒，做老公还是算了吧。

然而，这一点听起来简单，实际操作起来可不容易。因为迷恋上"妈宝男"的女性，往往有圣母型人格，喜欢靠付出、照顾男人来建立依恋关系。

换句话说，她们本身需要一个妈宝男，以找到内心的安全感。

### （2）远离"妈宝男"的妈妈

如果确定对方就是"妈宝男"，那在结婚蜜月期感情正浓的时候，我建议尽量不要跟对方的妈妈住在一起，也不要因为需要带孩子，就让对方的妈妈过来跟你们一起住——我的很多来访者，谈起她们结婚后几十年里最后悔的事，就是当初不应该叫婆婆过来帮忙带孩子。

说到这儿，可能有些妈妈会不开心——但如果你真的爱自己的孩子，我想你终究会理解的，而且也会成长起来的。

### （3）去妈化

跟对方的妈妈搞好关系，增加自己的筹码和条件，成为对方的"妈妈"，培养出强大的内心，然后再慢慢地"去妈化"。

另外，懂得用鼓励式沟通和肯定的态度，疗愈"妈宝男"背后的恐惧。给自己"去妈化"以后，要跟对方建立良好的平行关系。

话说回来，"妈宝男"并非一无是处，他们身上也有很多值得挖掘的优点，比如温柔体贴、有趣浪漫，不像直男那样直来直去，讲话没有一点温度。

需要注意的是，在当下这个自由恋爱的时代，一些女孩子之所以能跟"妈宝男"在一起，一定不是偶然的，而是宿命的安排。

而这个"宿命"，往往是我们人性深处的一些成长点。这些成长点可以帮我们去遇见一个更好的自己，找到更圆满的内在，并收获真正有滋养性的亲密关系。

# 你为什么要控制我？共生关系中的"你死我活"

前不久，一个妈妈坚决不准女儿恋爱，并且声称，如果女儿真要跟男友在一起，就跟她断绝母女关系。

女儿说什么也没用，爸爸也来劝，说："孩子都这么大了，让她自己考虑吧。"

但妈妈死活不同意，而且罗列出了女儿男友的各种不好，比如家境一般、工作普通、长相大众等。

其实这些都算不上什么大毛病。

后来，实在没办法了，母女就一起过来咨询。在咨询的过程中，绕过重重防备，妈妈终于说出了不准女儿恋爱的真相："从小到大，几乎所有事情，女儿都会先跟我汇报，但恋爱这个事没有，她居然悄无声息地就和别人在一起了。小妮子实在是胆大妄为啊！"

对此，很多人无法理解，甚至会质疑这个妈妈，怎么这样蛮不讲理，也太霸道了吧！

但其实，当我们真正看到其中的心理模式后，或许就会有不一

样的感受和理解。

一直以来，妈妈跟孩子都在构建一种"共生关系"——从某种程度上来说，在妈妈的潜意识里，还认为孩子是她身体的一部分，就像当初十月怀胎一样。

所以她希望孩子都听她的，跟她商量，不允许"身体的这部分"背叛自己，否则就会有巨大的恐惧。

而且毫不夸张地说，这份恐惧在心理层面，关乎"生死存亡"。

因此，她不惜以断绝母女关系威胁，也要坚持让孩子跟男友分开，以维持这样一份共生关系，让自己恢复控制和安全，能够好好地"活"下来。

说到这儿，可能有些朋友会问，那什么是共生关系呢？

简单来说，就是他们在心理层面不分彼此、同生共死。当关系的双方表现出一致性时，才算是"生"，一旦分开，就意味着"死"。

这意味着，当一个人想要跟另一个人共生时，他们的关系中就必然存在着"你死我活"——这并不是一种比喻或者夸张，而是一种真实的内在感受。

因为当共生关系中的一方，他的意志或者感受没有被另一方看见、尊重或执行的时候，就会有一种快要"被杀死"的恐惧感。为了不让自己被"杀"死，他会想尽办法让另一方听自己的，遵循自己的意志。

所以在家庭关系中，我们常常能看到以下的情形：

一个控制型的妈妈，想要追求共生关系的时候，就会抹杀孩子的意志，让孩子必须听话；

一个控制型的老公，想要追求共生关系的时候，就会抹杀老婆的意志，让老婆必须听话；

一个控制型的婆婆，想要追求共生关系的时候，就会抹杀儿子的意志，让儿子必须听话，让儿媳妇唯命是从。

如果这个时候儿媳妇不听，想要捍卫好核心家庭中女主人的地位，就会在不经意间成为"婆夫联盟"的外敌，成为那个想要侵入他们共生关系的病毒。

看到这儿，有些朋友可能会有情绪，觉得我这个观点是在攻击他们。

他们会说："爱当然要黏在一起呀！家人就是要绑在一起呀，天塌下来一起顶着，同生共死一辈子，要么怎么有安全感呢，怎么是家人呢！"

确实，这或许也算是一种爱，浓烈如酒般的爱，无所谓对错。只是这种爱的方式，一开始是那么理所当然，彼此接受，可随着状态的慢慢演变，等个体想要做自己的意志慢慢表现出来，关系就会

急转而下，情感也会每况愈下，伤痛自然在所难免。

举个例子，有这么一个男人，每次发生夫妻关系的时候，都要求妻子蒙上眼罩，戴上长长的假发。

老婆受不了他的癖好，一开始还勉强同意，等后来生了孩子，做了妈妈，就开始拒绝了（个体自由意志开启）。

每当这时，男人就会暴怒，认为老婆不够爱他，然后用各种方法折磨老婆，甚至会家暴，直到老婆同意。

其实，透过这种癖好，我们可以看到一个渴望共生关系的小男孩，一个特别没有安全感的"爱无能"者。他之所以不懂爱，是因为他没有真正地学会爱，没有从自己的父母那里感受到足够的爱，内心一直有着巨大的恐惧。

想要真正地疗愈他，就需要营造出一个爱的容器，给他爱的同时，再结合一定的技巧去化解他内心的冲突——可想而知，这需要他老婆有巨大的心理能量。

心理学家曾奇峰认为："爱制造分离，而施虐制造忠诚。"这话听起来似乎有些不可思议，忠诚不是挺好的吗？怎么是因施虐而成的？

其实，一个人，只有不断破壳，打破自恋，才能从一个狭小但看起来安全的空间，进入更广阔而自由的世界。

在这个过程中，如果特别强调忠诚——所谓的共生关系——就容易让这个人的发展停滞，形成所谓的巨婴。

但如果我们允许孩子成长，帮助孩子度过这个分离过程，孩子就会诞生独立人格。长大之后，他不会停留在想要追求共生关系的阶段。

然而，绝大多数的父母却做不到这一点。因为他们的父母就没有给过他们好的榜样——这听起来，像是一种宿命般的轮回。

所幸，当我们能觉知到这一点，就可以调动自己的所有资源，培养一些足够滋养的关系，融入一些成长型的场域，勇敢地打破这些轮回，从而放下控制和共生的纠缠，奔赴自由和宽广的爱。

## 本章回眸

　　寻找亲密关系是一场冒险的旅行，一不小心就可能遇人不淑，受尽煎熬，难以回头甚至堕入万丈深渊。但同时这也是一场值得我们去冒险的旅行，因为可以让我们在爱中被滋养、被疗愈和被照见，甚至生命也为此绽放。

　　如何降低这场旅行的危险系数呢？最好的办法就是带上可以信任的"队友"，加上专业的"导游"，掌握到一定程度的知识，觉知好亲密关系背后的本质……然后不断地尝试，在实践中成长，相信你最终会踏上一趟浪漫而幸福的旅程。

# 原生家庭,
# 解铃还须系铃人

**Part4**

# 序位法则：家庭关系成功的基本条件

德国心理治疗师、"家庭系统排列"创始人海灵格认为，在家族中，序位法则非常重要。一个人一旦组建了家庭，那么其核心家庭的序位，就要高于原生家族。

唯有尊重这个序位，核心家庭和原生家庭才会彼此舒适，和谐共存。

倘若违背这个序位，比如有些人婚后还跟原生家庭纠缠，剪不断理还乱，甚至跟父母病态共生，那不但会影响到新的家庭，也容易伤害到原生家庭。

当生命以序位法则呈现时，一切都如此井然有序——大到日月星辰，有着各自的运行轨道；小到人体 DNA，每个染色体都有其专属的位置。

同样地，序位对于人类之间的关系，也是同等的重要。在家庭关系中，序位甚至排在了爱的前面。

接下来，我们就一起看看家庭中四种常见的序位。

## 一、父母与孩子

现代家庭有着越来越多的妈宝，我们都或多或少听过，但你见过"宝妈"吗？

"宝妈"具体指像个宝宝一样的妈妈——这是我个人发明的一

个心理词，具体怎么理解呢？

比如一个来访者的妈妈，她的口头禅是："妈妈就想永远做一个小宝宝，你们所有人都可以一直照顾我。"

从中可以看出，她的妈妈极度没有安全感，有很多恐惧，害怕分离。所以她不断阻止孩子的情感，拆散了孩子的两段恋爱和一段婚姻，只因她的内心有很多恐惧和焦虑，想要孩子一直照顾她。

如此一来，可以想象这位来访者有多么大的痛苦，一方面她想要做自己，另一方面出于对妈妈的爱，出于孝道，又没办法下定决心做自己——两相拉扯极大地影响了她的身心健康。

显然，该母亲是一个典型的"宝妈"，她跟孩子的家庭位置是颠倒的、失序的。

在家庭中，父母的序位永远高于自己的孩子。

在家庭中，如果孩子以为自己大而父母小，想着拯救父母中的某一个，那么这个序位就颠倒了，这是盲目的爱。

一个人出于盲目的爱而获得的成功是不能持久的。很多人已经在事业上取得一定的成就，但还是很不快乐，归根结底就是在爱的序位上颠倒了。

唯有让父母回归到大的位置，孩子回归到小的位置，尊重基本的序位法则，才能让家重新恢复正向的爱的流动。

## 二、兄弟姐妹

当一对伴侣有了孩子，那么他们的第一个孩子在序位上就优先于第二个孩子，而第二个孩子也优先于第三个孩子……以此类推。

当然，这个优先，并不是指指挥权或控制权优先，而是指按照序位排列应更靠前，在这一点上需要得到尊重。

值得一提的是，如果妈妈有流产，或者孩子因为意外而离去，他们的序位同样是需要保留的。

举个例子，有一个孩子是家里的老二，他的哥哥在他很小的时候就因为生病离开了，他一直以为自己是家里的老大，做很多事都过度付出，尽管长大以后已经开办了企业，但还是让自己的家庭非常不和谐。

当我们让他看到，他其实是家里的老二之后，他顿时有一种轻松和解脱的感觉，恢复了内心的和谐，不再过度付出了。

关于这一点，海灵格也曾分享过一个故事。

他说他曾认识一个有着七个兄弟姐妹的女士，兄弟姐妹们每月都会见一次面，骑自行车去郊游。

这时，他们会先后排成一行，最前面是年龄最大的，然后按年龄依次跟上。

郊游后，他们一起吃饭，也会以顺时针方向的序位坐在桌旁。

当这样做的时候，他们彼此亲近，而且总能很好地互相理解。

如果他们没有遵循这个序位，他们就会开始争吵……听起来是不是很神奇？其实这是序位法则在背后运转的原因。

**三、前伴侣和现伴侣**

一个人在结婚之前，如果有过其他婚姻关系，或是其他的长期亲密伴侣，我们也需要尊重这个前任，因其拥有更高的序位。

哪怕是妻子，也要允许老公在心里给前任留一个位置——倘若对方有孩子，那更需要尊重这个孩子。

当然，这里的留位置和尊重，不是指跟对方搅在一起纠缠不清，而是指即便在物理上保持了距离，在内心也需要认同这个人曾经来过，有其不可替代的位置和价值。

唯有尊重这个序位，家庭才更容易幸福和谐。

举个例子，一个男人离婚后，跟另外一个女人结婚。

这个女人是第三者上位，所以她经常贬低男人的前妻，男人也同样如此。

后来，他们有了几个孩子，其中一个女儿居然会不经意地呈现出父亲前妻的气质，并表现出相应的行为——尽管这个孩子完全不认识父亲的前妻。

这给他们的家庭带来了巨大的冲突和困扰。最终，他们也离婚了。

## 四、原生家庭和核心家庭

有这样一个女性，大学毕业后参加工作，十几年来兢兢业业，拼命奋斗，赚了不少的钱，其间花了一千多万元给自己的母亲和弟弟办学校，可最终的结果是什么呢？

学校一直没办起来，母亲和弟弟却跟自己反目成仇，老公也跟她离婚了，出国留学的儿子也怨恨她……种种打击下，她后来严重抑郁了。

虽然一个人的命运受各种力量的影响，但从中可以看到一个比较明显的负向力量，就是这个女性违背了一个基本的序位法则："核

心家庭，高于原生家庭。新的家庭，要优于旧的家庭。"

值得一提的是，在婚姻中，如果丈夫跟另外一个女人在一起，并拥有了一个孩子，那么这意味着，一个心理意义上的"新家庭"出现了，其序位也会优先于之前的旧家庭。要想修复和挽回旧家庭，就必须看见和尊重这一点。

总的来说，序位法则从来不是一个静止的东西。它是一个具有生命的原则。人与人之间的关系，只有遵循特定的序位，才能更和谐。

有人说，当有足够的爱时，家庭就会和睦。其实这是不够的，要将爱放入序位中，爱才不会变得盲目。当我们知晓并尊重这个序位，爱才更容易滋养出良好关系。

最后，将海灵格的《序位与爱》[1]这首诗送给大家：

爱所灌注的，是序位所涵盖的。

爱是水，序位是容器。

序位聚集，

爱流动。

序位与爱共同作用。

如同一首朗朗的歌曲融入琴音，

爱融入序位。

如果耳朵很难习惯不和谐的声音，

哪怕再三解释，

---

① [德] 伯特·海灵格、索菲·海灵格，元义译，世界图书出版公司。

我们的灵魂仍难适应没有序位的爱。

这个序位，

有人以为它是一个观点，

我们可以任意拥有或改变。

但是，它已经为我们预设好。

它在运转着，

哪怕我们根本不理解它。

它不是被思考的，

它是被发现的。

如同感官与灵魂，

我们，从效果中，推测出它。

——摘自《谁在我家（升级版）：海灵格新家庭系统排列》

# 这么努力去爱，"家庭"为什么还是不幸福？

亲爱的读者，说到家，你第一时间会联想到什么？

你第一时间想到了谁？

从小到大，你是否真正地感觉有家呢？

……

家本该是一个人幸福的港湾，是我们面对万千繁杂的心安之处。

然而，很多人却被家重重伤害，导致一生都背负上枷锁，举步维艰，痛苦不堪。

为什么？

在家庭关系中，藏着很多隐秘的法则，如果我们没有很好地遵守这些法则，一不小心就可能会陷入莫名的纠缠和羁绊当中，如陷泥潭，难以自拔。

在一次沉浸式学习的某个晚上，我带大家做了一个家排①，引起了很大反响。很多人第一次体验，特别震惊，其中一个女学员说，

---

① 家排：家庭系统排列，由德国心理治疗师伯特·海灵格（Bert Hellinger）经三十年的研究发展起来的，通过家庭系统排列能够帮助来访者把隐藏的问题呈现出来，透过角色代表及互动呈现，探索问题的根源，并指出朝向解决的方向，帮助人们面对生命中许多困扰，回归爱的序位。

她看着场上乱成一团的排列，听着不同角落传出来的哭声，觉得芸芸众生，大家都太苦了，太折腾了，每个人似乎都很痛苦。

然而，当最后排列完成后，却出现了一片祥和，画面如此和谐，这让她特别感动。

同时，大家也深刻地领悟到了一点，要想让一个人脱离苦海，只有努力和爱是远远不够的，还需要遵循一些家庭系统方面的法则。除了前文提到的序位原则外，还有几个比较重要的隐秘法则：

**一、施受平衡法则**

在成人的亲密关系里面，有一个基本的平衡法则——相互同等地接受。

这是一个重要的平衡，也称为施与受的平衡。

需要强调一下的是，这里指的是"相互同等地接受"，而不是"相互同等地给予"。

因为当我们能够相互同等地接受的时候，我们就会彼此深度连接，让双方处在一个同等需要的位置上。

对此，很多人却背道而驰，只会不断地给予、付出，如同圣母般，近乎固执地在守护双方所谓的"和谐"关系，或是站在道德的制高点，期望对方知恩图报，良心发现，给回自己同样的东西……结果却一次次地落空，一番苦心付诸东流，落得个失望难过、怨恨悲愤的下场。

要知道"吃人嘴软拿人手短"，对方会因为接受太多而心生愧疚，为了逃避这份愧疚感，就会想要远离。

结果他越远离，就越陈世美化，那个付出的人就越觉得自己付

出不够，就越想付出，关系就越糟糕，以致最后两人的关系彻底失去平衡，分崩离析。

**二、"一个也不能少"法则**

任何的家庭成员——不管是健在的，还是已逝的——都需要被尊重，一旦被排除在外，比如被严重忽视、抛弃等，就可能会影响到其他的家人。

一个来访者的大女儿特别孤独、叛逆，不爱学习，总觉得父母不爱她，无论父母怎么做好像都捂不热她的心。

在做了一次家排后，我们发现了一个隐藏的秘密。

原来这个来访者曾打过一次胎，这件事在家里面一直是个秘密，没有人会提起——这意味着，被堕胎的孩子被排除在了家族之外。

然而，作为这个孩子的代表，大女儿感受着同样的感受，一直感觉自己在这个家中没有位置，总是自怨自艾，感觉特别孤独，也特别想离开这个家，走得越远越好。

于是我们在家排中，让被排除在外的孩子重新回归了家庭，此后这个大女儿就不再叛逆了，也不再感觉跟这个家格格不入了。

**三、流动法则**

关于伴侣关系，在感情流动方面有两条比较隐秘的法则。

第一条：当感情正向流动的时候，付出要比对方多一点点。

我们付出的要比对方给到的多一点点，以便形成一个小落差，促成爱的循环，彼此不断滋养，相伴余生。

如果我们付出的远远大于对方给到的，那么这个落差就太大，就会给对方心理造成很大的愧疚感，会把对方推远，把关系破坏掉。

第二条：当感情负向流动的时候，还击要比对方少一点点。

当另一半攻击我们的时候，我们不能一味地隐忍退让，而是要给予适当的还击。

还击的程度，需要比对方攻击的程度低一点点——这种还击也可以叫作带着爱去还击。

这样一来，就能形成一些能量落差，把关系重新带回到正向的循环当中。

**四、认同法则**

有一位女性，多年来一直活在一种复杂纠结的情愫当中。

因为她发现，她一直思念着或者说迷恋着妈妈年轻时候的一个情人。

对于这份复杂的感情，她是没有办法去自我梳理的，也不知道该怎么去调适。在此影响之下，她无法正常进入新的亲密关系中，害怕结婚。

直到有一次咨询，她突然领悟到，原来这么多年对这个男人的这份迷恋，不是她的，而是她妈妈的，是她妈妈潜藏、压抑的愿望，于是她把这份情感交还给了她妈妈，她顿时也获得了解脱。

这就是家庭关系中的认同法则，也叫作继承法则。出于爱，我们继承了某一个家人的内在情绪、感受或者愿望，却让我们饱受纠缠，甚至迷失自己，唯有揭开迷雾，才能真正地活出真实的自己。

现在，我们可以拿这几个法则对照一下，从小到大，是否有类

似的力量，一直在默默地左右着我们的家庭，影响着我们的家人呢？

如果恰好有，那我们可以选择勇敢地面对（这确实很需要勇气），打破轮回。当然，有条件的朋友可以找专业的咨询师，好好去化解背后的纠缠，从而让家庭早日恢复平衡，进入正向的爱的流动当中。

# 听话主义：听谁的话最容易幸福？

某女大学生在学校兼职的时候，不堪工作量大，可又不敢不听话，最后崩溃自杀。

为什么她就不能直接地拒绝呢？听话对她来说真的有那么重要，甚至高过生死吗？

……

带着这些沉重的疑问，我们一起探讨一下所谓的"听话主义"。

首先，问问自己的内心：你最听谁的话？

有没有这样一个人，你对他言听计从，哪怕内心有一万个不愿意，也不敢反抗，不敢说一个"不"字？

再想想：有没有这么一个人，你最讨厌听他说话？

他只要一开口，你就头疼、胸闷、气短……甚至全身颤抖、怒火中烧、紧握双拳？

我们为什么听话？这背后到底藏着什么样的心理原因呢？

它们是如何影响着我们的亲密关系的呢？

**2**

听话主义在我国很常见。从小到大，你一定被教育过："要乖，要听话哦……"

很多人在这样的环境下慢慢长大，变得非常听话，特别是女孩子，不敢说"不"，不敢反抗。因为听话主义里，有很多显而易见的好处，比如安全感——中国女性最缺的一种感觉可能就是这个了。

安全感的"安"字，宝盖头在上面，"女"字在下面。意思是，一个女子进入一个房子里，然后才感到安全，才感受到保护，才不用害怕伤害。

所以听话可以理解为，在关系中，会比较安全，不用面对冲突，不用被攻击。

听话还可以获利，通过放弃一部分的自主意识，去获得他人给你带来的利益，比如解决你自己不想去做、不愿意思考、不愿意面对的问题。

举个例子，有个来访者，四十多岁，她有一个闺密，很喜欢对她的事大包大揽，给她当妈又当爹。

在闺密面前，她感觉自己就像个小孩，大到恋爱相亲（她离异了），小到出门逛街，什么都不用考虑，就能获得很好的照顾。

但同时，她又时常觉得自己的意志没有被尊重，生命好像没有真正地绽放，所以很郁闷。

其实，这里面就藏着一个人两种不同的心理需求：

a. 安全感　　b. 做自己

为了获得更多的安全感，她放弃了后者，放弃了做自己，放弃了冒险，选择尽可能地听话。

听话是很多家长对孩子的要求，但"逼孩子听话，相当于给孩子喂毒"。这句话乍听起来有点吓人，或者有些偏激，但在事实层面，却很容易成真。

心理学家武志红认为，当一个孩子的意志被否定，并被逼迫顺从大人时，内心会产生恨意。当恨意转向自身，就容易伤害身体，积累毒素，导致疾病。

有一次，我去一个朋友家。她三岁左右的孩子因为不小心碰掉了一个杯子，就浑身哆嗦着赶紧道歉："对不起对不起，我不是故意的！"

见此情景，我的职业病顿时犯了，就问朋友："这孩子平时是谁在带？"她回答说是她的妈妈在带。

随后，我私下提醒她，让她在家里装一个监控。

结果半个月后，她告诉我，她发现了一个极其恶劣的问题：

她妈妈极度控制孩子，要求孩子一定要听话。如果不听话，就会威胁孩子，说不要他，扔掉他。

孩子有时候顽皮，摔了东西，她妈妈会非常愤怒，甚至还会暴

打孩子——用铁衣架打，像打仇人一样。

结果这个孩子被培养得非常"听话"，但其实背后藏着的是一种深深的绝望。

客体者，其他人、其他事物。

自体者，美国著名的心理学家科胡特曾提出一个术语：自体客体，自己。

那么，什么是自体客体呢？

就是他人是客体，但又像是自体的一部分。

在生命的早期，婴儿需要将妈妈当成他的自体客体，觉得妈妈和他在身体心理上是一体的，都是"我"的。如果失去妈妈，他们就会有可怕的自我瓦解感。

而成熟的妈妈，会慢慢地用爱把婴儿带出这样一份共生关系，让孩子完成分离。

但有些妈妈非但没有将孩子带出这样一种共生关系，还一直维系着这种关系——很多女性看到这里，估计得摇头苦笑了，因为都有过婆婆抓住儿子不放的切身之痛。

这些妈妈，想要孩子一直听话，其实就是把对方当作了自体客体，通俗来说，就是把对方当成了自己身体的延伸——我让你怎样你就怎样，否则你就成了一个"异己"了。

这也正是很多家庭的悲哀：如果孩子听话，其精神生命就逐渐被扼杀。

但如果孩子不听话，父母就会感觉生不如死。

听话反映在两性关系中，即让爱人听话，这可分为以下三种情况：

**（1）男人让女人听话**

一次，一个来访者跟我说，她和老公离婚了，只因她老公不喜欢她的一个同事，要求她以后不能跟对方说话。

她不同意，然后他就暴怒了，说："你居然选择一个女同事，而不是你的老公，看来根本不在乎我们这段感情。"

闹到后来，他们就跑去离婚了。然后她完全无法理解，夜夜失眠。

其实，在两性关系中，很多人因为一点小事就产生强烈的愤怒。原因看起来莫名其妙，但其核心的内容就两个字：听话。

如果你不听话，就破坏了他们的自恋，然后他们就会非常愤怒，因为不这样，他们就会掉入自恋的低位，而产生羞耻感，羞耻感又会带来巨大的恐惧。为了防御恐惧和羞耻，他们会暴怒。

一个来访者对此感同身受，在说到听话的时候，她这样总结自己过去的婚姻：

关于听话，我老公跟我好的时候说："我媳妇就是乖。"跟我闹翻的时候说："让干啥不干啥，不让干啥偏干啥！"

对他妈也这样，他带他妈去吃西餐，他妈不喜欢吃，他却非要他妈吃下去，他妈不吃，他就气得将东西扔了。

对女儿，他会脸一拉，说："再不听话，爸爸就生气不要你啦。"

对其他人也一样，他同事说："他最大的问题就是，什么事情都要按照他的想法来，必须听他的。"

他不会用暴力和语言杀死别人，但光那语气和表情就让别人觉得不可侵犯。在和他相处的过程中，这名来访者因为恐惧曾一味妥协退让，不断喂养着他的自恋。

### （2）女人让男人听话

很多女人，明明条件不错，而且有无数好男人追，但她们最终选的却是一个看起来比较弱，条件也比较差的男人。

原因很简单，这样的男人比较听话，站在自恋的低位——用她们的心里话来说就是："这样的男人比较好控制，咱能 Hold（掌控）得住。"然而，这样的婚姻走下去，有可能发生两种情况：

a. 男人在听话了好多年后，最终受不了，然后出轨了一个看起来不如妻子优秀的第三者；

b. 女人跟这个好控制的男人维持着乏味的婚姻，再找一个很有魅力的第三者出轨，释放内心压抑。

### （3）"小孩"让"大人"听话

小公主、妈宝男、巨婴等类型伴侣的心理年龄偏低，如同小孩一样。在两性关系中，他们无形中形成一种错位，把另一半投射为父母，追求病态的共生关系，然后会要求对方一定要听话，否则就会不断地"作"，一直"作"到原来特别有爱的"大人"受不了，两人关系崩溃为止。

**5**

到底该听谁的话？

说到这儿，或许有些朋友要问了，亲密关系中，到底听谁的话最容易幸福呢？

以一家三口为例，这个家要想幸福，到底是听爸爸的，还是妈妈的，还是孩子的呢？

假设这个家里有一个麦克风，到底谁用这个麦克风呢？

唱过 K 的朋友可能会说，当然是人人都唱一下，这样才和谐。

但事实上，在很多家庭中，要么爸爸说了算，爸爸一拍桌子，其他人大气都不敢喘；要么妈妈说了算，妈妈一发飙，批评爸爸懦弱无能没本事，结果爸爸都不想回家；要么孩子说了算，爸妈都无条件地宠溺着，甚至爷爷奶奶也无底线地顺从着，结果孩子越来越不懂得尊重他人。

所以，你很容易发现，家里只有一个麦克风是有问题的。

最好是有三个麦克风，听三个人的话，尊重三个人的声音，三个人都是中心……这样这个家庭才更和谐，更容易幸福，其乐融融，孩子的身心也更加健康。

**6**

既然有这么多想要控制别人、想要让别人听话的人，那么我们到底应该怎么做，才能做自己身体和灵魂的主人呢？

**（1）经济**

"吃人的嘴软，拿人的手短"，哪怕这个人是另一半，如果一直过度地依赖对方，就很难有足够的话语权了。

长久之计，就是让自己的经济实力变强，有足够的筹码，有更好的资源和底气，跟想要控制我们、让我们听话的人叫板。

这里有一个误区要特别说明一下，我们不一定要赚得比另一半多，而是要有基本的经济能力，确保我们可以养活自己，保障自己最基本的生活。

**（2）心理**

觉知和对方的关系模式，看到自己听话背后藏着的恐惧，疗愈最初使自己形成顺从型人格的创伤，必要的时候可以求助专业的咨询师——这又需要考虑上面提到的经济基础了。

**（3）技巧**

掌握一些沟通技巧，在满足对方自恋的基础上，坚持自己的原则。比如有一个来访者，她老公不准她穿好看的衣服，她没有生硬拒绝，也没有乖乖顺从，而是说："亲爱的，我穿好看一些，你在外面会更有面子的。"

**（4）共情**

其实想要控制他人的人最害怕失控，其内心藏着很深的恐惧。面对这些人，我们可以共情对方，尝试接住对方的恐惧和焦虑——我把这个称为"温柔的釜底抽薪"。

总之，我们不浇灌任何的"恶之花"，也不接受无底线的退让和听话。不管现在处在一个什么虚弱的位置，我们都要先接纳，然后再不断地强大自身，增加内心和外在的力量，从而有足够的智慧去做"不含敌意的坚持"，去活出我们的自尊和丰盛人生，如此也能培养出一份健康而有滋养的亲密关系。

# 父亲缺位：如何把伤害转化为爱？

有这么一个女性，老公出轨多年，几乎不着家。这位女性痛苦多年，终于下定决心，跟老公协议离婚，唯一的女儿跟了她。

然而，在离婚后的一年多里，前夫都没有看过孩子，也未曾打过电话开过视频，仿佛从未有过这个女儿。

女儿尚小，初满五岁，会经常不经意地说"想爸爸，爱爸爸"。每当这时，她都特别难过，不知道该怎么办。

类似的情况，相信不少单亲妈妈曾遇到过，大家心头也肯定有个疑问：婚姻破裂、父亲严重缺位，到底该如何做才能让孩子身心健康地发展？

一般来说，在一个相对和谐和健康的家庭里，母亲和父亲的分工大致如下：

母亲：爱，融合，亲密，为孩子扎根

父亲：力，秩序，分离，给孩子翅膀

由此可见，父亲一旦缺位，家庭面临地震，作为劫后余生的母亲，最理想的情况是忍住伤痛，包扎好伤口，然后勇猛地站起来。一方面，要继续稳住孩子的根，爱不能断；另一方面，则需要补上父亲的功能，帮助孩子伸展出翅膀。

当然，这对任何一个母亲来说，都是极大的挑战，又当妈又当爹的，忙得心力交瘁不说，一不小心爹没当好，妈这一块的功能也容易丢个大半。

从心理学的角度来看，一个较为理想的父亲，在家庭中需具备以下三大功能：

**第一，共生到分离**

父亲提供保护，让婴幼儿跟妈妈安全成长，健康共生。

在成长到一定阶段的时候，父亲把孩子从跟妈妈这样一个黏稠的共生关系中拉出来，让孩子脱离母爱的包围圈，避免沉溺其中。

**第二，竞争与合作**

作为外部世界的象征，一个好的父亲可以降低孩子对外部世界的恐慌，帮助其更好地适应社会。

同时，好的父亲还具备一个重要的功能：接住孩子内心的敌意，并鼓励其竞争，激发其面对竞争的勇气和力量。

**第三，分离到腾飞**

随着成长，孩子自然会渴望去更宽广的世界——如果这个时候

爸爸能陪伴妈妈，那么孩子就会少一些内疚和担心，放心离开妈妈。

同时，父亲也能接住母亲与孩子分离的恐惧，避免其阻碍孩子飞翔。

接下来，我们一一来谈谈这三大功能。

首先是"共生到分离"，用儿童心理学家温尼科特的话来说："一个孩子要想健康地成长，需要在刚出生的六个月，度过一个比较好的共生期。"

这个阶段的孩子，认为自己跟妈妈是一体的，特别需要得到好的照料和满足。

一个称职的父亲，这时候会提供保护，帮助母子顺利度过共生期——要知道，如果孩子在本该跟妈妈共生的阶段，没有得到满足，那么长大后，终其一生都会渴望再次共生。

有这样一个男子，结婚后有着极大的控制欲，要求老婆任其摆布，包括性爱时的穿衣打扮，都得严格按他的个人癖好，否则就会认为老婆不爱自己，就会家暴……其根本原因是他小时候在共生阶段时内心没有得到满足，有很多的恐惧。

由此可见，一旦父亲缺位，家庭中又没有其他力量陪伴母子走出共生期，母亲就需要有觉知地完成这个功能，敢于跟孩子进行分离，让孩子的心灵继续健康成长。

六个月之后，当孩子成功完成分离，就会慢慢认识到自己跟妈妈是两个人了，但还是会有想跟妈妈共生的感觉。然而，妈妈却需要上班，有自己的事要做，两者容易产生冲突。

这个时候，父亲就需要进行干预，做和事佬，化解孩子的攻击性，让孩子可以彻底地走出共生，完成分离。

如果这个时期父亲缺位的话，母亲就需要挺身而出，扮演这样的角色，给孩子一种感觉：妈妈虽然偶尔有事要忙，但还是会经常在你身边，妈妈一直是爱你的。

随着孩子继续长大，开始慢慢进入依恋模式的构建期。在这个阶段，孩子最需要发展出跟他人合作的能力，同时也要学会如何进行良性的竞争，以获得更多的资源。

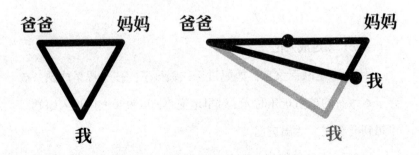

对此，我们需要简单分类讨论：

如果你的孩子是女儿，不幸面临父亲缺位，那我们需要去

找其他的父性力量补充进来，比如舅舅或是新交往的男友，实在不行外公也行，帮助孩子学会跟男性相处，同时减少对男性的恐惧——这都是未来她学会跟男孩子谈恋爱的基础。

如果孩子是男孩，父亲缺位则可能带来三个方面的影响：

### （1）不懂合作

因父亲缺位，可能导致对父亲的敌意，缺乏认同。由于父亲代表着孩子对所有男性的感觉，所以这可能会让孩子长大后，跟男性合作产生障碍。

对此，母亲非但不应把对父亲的怨恨传递给孩子，反而要有意识地补上正向的男性感觉，帮助孩子认同男人。

### （2）没有力量

因父亲缺位，没有一个稳定而有力的男性作为榜样，孩子在力量方面，可能也会有所欠缺，这就需要我们通过其他男性补上——实战缺乏，哪怕是孩子喜欢的影视动画动漫的男性英雄形象也行。

### （3）太过成人化

因为家里缺乏父亲，妈妈过于依赖孩子，孩子提早成熟，放弃了本该有的孩童玩乐时光，过早地懂事，以致长大后进入婚姻，才想到要叛逆，活出自己。

这就要求我们妈妈，避免在虚弱的时候，过分地依赖孩子，而是应该跟孩子一起成长，成长为一个独立有力的妈妈，让孩子可以安心地做孩子。

**6**

最后是分离到腾飞。

当一个孩子已经学会了竞争与合作，他就具备了基本的腾飞的能力。

就像是一只老鹰，经过了第一个阶段的蛋的孵化，再到第二个阶段的小鹰，慢慢地学会捕食，渐渐变得有力量了，然后就到了第三个阶段了，可以尝试离开父母的怀抱，勇敢而自由地腾飞了。

这个时候，如果妈妈对于分离有太多的恐惧，孩子就不敢腾飞，因为害怕妈妈一个人，可能会受到伤害。

举个例子，我们曾经有一个香港中文大学的学生来咨询，他说他很想去哈佛留学，他也有这样的能力和机会，但是不知道为什么，他总是拖延去报名，去申请，去推动这个事情。

后来，我们在咨询中发现，原来他一直拖延的原因是害怕，害怕妈妈一个人没有人照顾。他的妈妈，也是我们的来访者，有着非常多的分离恐惧。

所以说，如果家庭中父亲缺位了，害怕分离的母亲需要保持成长，看见自己的恐惧，找到内心的支柱，这样孩子才能放心勇敢地腾飞。

以上，就是作为父亲在一个家庭中的各大功能，以及父亲缺位可能带来的影响。当我们看到了，自然也明白如何去补上——哪怕不容易，但起码给了我们一个方向慢慢去调整。

想要补充的一点是，在一个家庭中，母亲和父亲就像是鸡蛋的软壳和硬壳，对于保护鸡蛋（孩子）起着不一样的功能。

如果暂时没有硬壳，我们需要往外找，或者母亲自己暂时来充当——充当的过程虽然很不轻松，但一定会让自己受益终生身。

最后不得不说，父亲的缺位，确实会让家庭遭遇地震一般的重创，给孩子和母亲带来难以预料的痛苦。

# 你所忽视的恋父情结，可能正毁了孩子的一生

有这么一个姑娘，三十来岁，佛山人，长得眉清目秀。可惜的是，她身高不到一米六，体重却已经三百斤了。

对此，她老公颇有微词，结婚没几年就开始嫌弃她，然后在外面拈花惹草，到处留情。

然而，这么多年的狗血婚姻和日日夜夜的痛苦煎熬，都没能让她"为伊消得人憔悴"。

每况愈下的肥胖身材，让原本自信的她越来越痛苦和自卑，甚至有些生无可恋。

这个女孩不是那种好逸恶劳，管不住嘴、迈不出腿的人。

然而，回顾过往，在跟肥胖斗智斗勇的峥嵘岁月中，她试过各种各样的办法，物理的、化学的，中国的、西方的，管嘴的、迈腿的……都没法让身上的卡路里燃烧——偶尔有时候会瘦一些，可很快就会反弹回去。

她并没有什么家族肥胖史，爸妈还有姐姐的身材也非常均衡，

所以很显然，这背后很大可能有心理方面的原因。

对此，可能有些朋友会说，这还不简单，婚姻不幸，心情不好，就吃吃吃，疯狂化悲痛为食欲导致的呗。

确实，这是一个很重要的原因。但这并不能解释，她早在童年时就已经开始发胖了。

那么，藏在背后的真正原因到底是什么呢？

在揭开神秘的面纱之前，我们先来回顾一个古希腊的神话故事，相信很多朋友听说过。

话说有一天，在古希腊的某个国家，有一个名字叫俄狄浦斯的婴儿出生了。

可是，有神谕说他将来会杀父娶母。为了避免悲剧发生，父母随后将他抛弃在了荒山上。

没想到，俄狄浦斯不但坚强地活了下来，更是辗转成了科林斯国王之子。

成年后，他无意中得知了关于自己的神谕。于是，为了躲避杀父娶母的预言，他逃出了科林斯国，途中与人抢道，冲突之下失手把对方的主仆等数人打死。

随后，他来到了底比斯国，治服了恐怖的狮身人面怪，被老百姓们拥立为王，并娶寡后为妻。

然而，让人万万没想到的是，当年他在途中所杀的人，正是他的亲生父亲，而后他所娶的则是他的亲生母亲。这一切恰好神奇地符合了他出生时的神谕。

知道真相后，王后（同时也是太后）羞愤自尽，俄狄浦斯则在痛苦愧疚中，刺瞎了自己的双眼，从此离开王位，自我放逐。

后来，弗洛伊德引用了这个杀父娶母的悲剧故事，将它作为人格发展的第三阶段：俄狄浦斯期（也叫作性器期）。

在这个阶段，孩子会产生一种本能的冲动，恋上异性父母，仇恨同性的父母，即所谓的恋母仇父或恋父仇母情结。

说到这儿，让我们再次回到那个胖女孩的故事，一起来探索一下她发胖而且瘦身失败的原因。

从小到大，这个姑娘跟父亲的关系就非常微妙。父亲特别强硬，简直可以说是暴君一个，要求女儿一切都得听他的：如果听话，父亲就会对她很好，否则就会给予严重的处罚。

在这样的环境中，她慢慢地失去了自我。

而且，父亲在女儿长大的过程中，并没有有意识地保持距离。

在后来的咨询中，她跟我说，有关父亲的两个记忆一直在她的脑海里挥之不去，异常深刻。

一个是父亲在她很大的时候还亲她的嘴，这让她又爱又怕；第

二个则是她胸部发育的时候，父亲无意中触碰了她的乳房，这让她很是兴奋，又异常地羞愧恐惧——这些难以处理的情绪，让当时的她产生了一个心理逻辑：千万不能变漂亮，否则会被欺负，也会背叛跟父亲的爱。

那如何在长得不错的前提下变得不漂亮呢？

最好的办法当然就是吃胖自己，模糊掉自己的性别特征。这样的话，再跟爸爸相处时，内心的那些负面情绪就不会淹没她，同时也减少了其他异性追求她的概率，让她可以固着在这样一个恋父情结中。

类似的个案，心理专家曾奇峰在他的《幻想即现实》一书中其实也曾提到过。

一个十五岁的男孩，有三大问题：第一，严重肥胖；第二，成绩永远倒数第一；第三，老是喜欢跟女生玩，不爱跟男生玩。

对此，他母亲非常苦恼，无奈前来咨询。经过分析我们发现，这个男孩的父亲常年出差，代表着力量的角色在家庭中严重缺失。

另外，男孩有着比较深的恋母情结。男孩之所以越来越肥胖，就是因为肥胖可以模糊自己的性别特征，在母亲面前不那么像一个男人。

至于成绩倒数第一，是因为这样可以避免被诱惑，使自己一直滞留在恋母状态中。

而老是跟女孩玩，是因为心里有"病"——为了对母亲保持"忠贞"。

总的来说，男孩固着在了人格发展的俄狄浦斯阶段（有恋母弑父情结），所以会选择拒绝成长，身体横向发展——他的潜意识在跟自己说，过去的感受才是最好的，要一直停留在过去的体验中。

每个去奥地利弗洛伊德纪念馆参观的游客，都会获得一枚纪念币。纪念币的正面是弗洛伊德的头像，背面则标注着"俄狄浦斯期"。

这个时期对一个人心灵成长很重要。从某种层面来说，正是因为常年受恋母情结的困扰，弗洛伊德为了探寻背后的真相，寻回内心的平静，才不断研究和探索人类的心理，继而在心理学上取得了如此大的成就，并最终成为现代心理学的奠基者。

一岁以前是口欲期，一至三岁是肛欲期，之后就是我们刚刚所提到的俄狄浦斯期，具体的年龄一般是在三至六岁。

对于一个孩子来说，在这个阶段，最重要的是要学会"合作和竞争"，要处理好跟父母之间合作和竞争的复杂关系。

这个时候，孩子会很焦虑，害怕被同性的父母惩罚，比如女儿会害怕因为自己跟父亲的爱而被妈妈惩罚，儿子会担心跟爸爸抢夺

了妈妈的爱，被力大无穷的爸爸惩罚——精神分析称之为"阉割焦虑"。

如果这个时候，爸妈非但不惩罚孩子，还持续地给孩子无条件的爱和接纳，就能成功地化解这份焦虑，让孩子学会竞争与合作，并形成以下一种相对健康的心理：

如果是男孩：长大后变得像爸爸这么厉害，然后娶一个像妈妈这样温柔漂亮的女人。

如果是女孩：长大后变得像妈妈这么漂亮，然后嫁给一个像爸爸这样优秀的男人。

其实，说到这里，我们很容易发现一点，如果夫妻关系不好，哪怕家庭完整，也会直接影响孩子的人格健康。婚姻中经常会出现这种情况：女人在家里长期得不到老公的爱，就会慢慢地转移重心，把爱全部倾注于儿子身上，导致儿子形成恋母情结，让儿子始终处在难以调和的内心冲突中，甚至影响到其成年后的亲密关系。

# 藏在依附背后的心理

有这么一个女人，小时候家里重男轻女，长期遭受父亲的冷漠。

家里有姐弟三人，父亲最爱弟弟，妈妈偏爱大姐。她作为老二，最不讨好，从小被无比地嫌弃，于夹缝中艰难生存。

在她的记忆中，从小到大，父亲主动跟她说过的话不超过十句——听起来是不是很夸张？

长大之后，一个大她十岁的男人对她关心备至，出于典型的从小父爱缺失的补偿心理，她"顺理成章"地成为第三者——她太需要这份温暖了。

然而，这个男人却一直没离婚，其间还跟她生了一个孩子。她四十五岁时，这个男人的原配因长期郁郁寡欢，生病离世。

她以为，终于守得云开见明月，盼了大半辈子的名正言顺终于如愿以偿了，盼了大半辈子的婚礼将要举行了……

可万万没想到的是，男人不但不愿意跟她结婚，而且很快就有了新的女人。

她非常痛苦，却又没办法离开他——哪怕她有很好的生存技能，有不错的相貌，有一定的存款和房产。她说："我就是没办法离开这个男人，一想到要离开他就感觉心里空空的，生活没有意义，整

个世界好像都要崩塌。"

从这个故事中，我们看到了一种非常典型的依附型人格：以男人为尊，为君，为天地，为世界观、爱情观、价值观、人生观；自己则在不经意间沦为对方的附庸品……

其实，类似的依附现象，在中国式婚姻中很常见，也是很多女性终生悲剧的根源。

心理学家武志红这样评说这种现象："依附他人，意味着如果你活得糟糕，你可以把责任推到别人身上，怨恨他们；而为自己负责，意味着如果事情错了，那我也有错。这也是某些中国女人恨男人，但又离不开他们的原因。"

我有一个来访者，因为老公出轨，她对老公恨得咬牙切齿，经常想用菜刀把老公的生殖器切掉，晚上睡到一半起夜，恨不得用绳子勒死对方……这样的状态，一直持续到了两年，她才稍微有了改善，现在也愿意出去做做美容，爬爬青山，好好取悦自己，也敢提离婚了。

结果，她老公反过来对她刮目相看，开始对她嘘寒问暖了。

由此可见，一个人一旦进入依附的状态，将很可能进入这样的轮回：

从小被迫依附父母，

长大后依附男友和老公，

年老了依附儿女，

……

结果悲剧一再重演。

那么依附的背后，到底藏着一种什么样的心理呢？

为什么他们就是不愿长大，无法独立？为什么他们这么爱追求病态共生呢？

一般来说，往往有以下两个方面的原因：

**个人家庭的恐惧**

首先，依附成性的人，往往都是小时候没有得到过足够爱的人。

正因为小时候太缺爱，所以长大后才想拼命补回来——这是很正常的心理。

我有一个来访者，曾在咨询过程中说过这样一句话，算是恰如其分地表达了这种心理：

我生下来后，就被留守了，就没有人爱我。我长大后，干吗不拼命找人爱自己？这些都是我应得的好不好？！

结果，正是这样的心理，导致她对老公过度依附，最终她老公受不了，感觉快喘不过气来，想要离婚——这也很正常，因为她老公是一个正常人，给不了超出自己承受范围的爱。

另外，小时候没有得到过足够爱的人，容易有很深的死亡焦虑。他们时常活在这种被抛弃的可能性中，十分恐惧，即便长大，这份恐惧也会突然来袭。

为了防御这份恐惧，最好的办法就是依附他人，因为依附意味

着跟另一个人融合，这样就永远不会被抛弃，就没有恐惧了，就十足安全了。

也就是说，他们试图建立的关系像极了藤和树的关系，他们是藤，一定要缠绕在一棵树上，才觉得安全。

如果用一个数学公式来形容的话，那就是"1+1=1"。

正是因为这样的依附心理，他们可以无底线地允许另一半背叛、出轨、常年冷漠，甚至家暴。一旦和另一半生硬地分离，他们就觉得生无可恋，世界崩塌。

前不久有一则新闻说，一个女人在被迫离婚后，杀死了自己的三个孩子，然后自杀了——这可以说是依附型人格面对分离的极端体现，因为太恐惧了，太痛苦了，太撕心裂肺了。

### 社会文化的恐惧

除了个人家庭所带来的死亡焦虑，在中国，助长甚至合理化女性的依附型人格的还有社会文化方面的原因。

据不完全统计，中国是全世界最爱看宫斗剧的国家之一。从早年的《金枝欲孽》《甄嬛传》，到《美人心计》《步步惊心》，再到《宫锁心玉》……每年都有大量的宫斗剧热播，不管剧里的女主如何智勇双全，里面都无一例外地藏着一种典型的妃子争宠文化，也就是以男为尊的文化。

这种文化的背后，意味着一旦宫斗失败，就要堕入无间地狱。

在张艺谋的电影《大红灯笼高高挂》里，财主老爷陈佐千有四个姨太太，每一个姨太太的宅子前都会高挂一个大红灯笼。

如果老爷决定晚上去哪个姨太太那里过夜，就会点亮这个灯笼；如果哪个姨太太让老爷不开心了，他就会叫人把这个灯笼暂时用黑布封住，称为"封灯"。一旦被封灯，这个姨太太的地位就会急转直下，命运将会难以预料。

可以想象，在这样一个规则下，每个女人都会想尽办法来获得老爷的欢心，完全没有自我。

同样地，在《红楼梦》里，大观园的女子也各有各的不幸，有年轻病故的，有含恨而终的，有相思而终的，有自杀身亡的，有青年守寡的，有改嫁他人的，有远嫁外地的，有出家修行的……看起来她们的悲剧各不相同，但其实根本原因都离不开一点：依附男人而生存。

所以说，这样一种文化，已经在某种程度上在中国女性的内心扎了根，哪怕从 1912 年颁布一夫一妻制度到现在一百多年了，我们的一些女性在心理上还脱离不了争宠妃子的角色。

所幸的是，现代文明越来越强化女性的独立作用，这一点可以从众多的影视大片中看出，女性的力量已经慢慢登上了舞台，也开始影响着全球无数渴望精神独立的女性。

在《鲁豫有约》的采访节目中，有个受访者说："我是一个不会孤独的人，是一个能自己待得住的人，这是我安全感最大的来源。"

像她这样一种待得住的状态，是一种成功地摆脱依附心理，活出了自己的独立状态。

那么，对于那些暂时还处在固着依附状态的人，如何才能真正地帮助他们疗愈呢？从心理学的角度来说，一般需要遵循以下三个流程：

（1）放毒与安抚

如果是因为童年的创伤导致的依附心理，我们就需要回到那个导致创伤的来源，进行宣泄。这就是放毒的过程——如果创伤过大，最好还是借助专业咨询师的帮助，确保更安全地完成放毒，疏通自我。

同时，也要学会安抚那个时候的自己，比如可以借助"拥抱内在小孩"的心理练习①来安抚自己。安抚和接纳的过程，其实就是一个人不断长大的过程。

（2）接纳与和解

心理学认为，一个人只有得到一个关系，才能更好地失去一个关系。

比如，一个人只有得到充分的父母关爱，才敢于让这份爱住进心里，勇敢地离开父母，去探索这个世界。

那么，一个已经跟父母分开的成年人，要如何重新得到缺失的关系呢？

---

① "拥抱内在小孩"的心理练习：通过冥想以及各种形式，对内心心灵世界受伤的内在小孩给予能量支持，也是在消解心中内在小孩对我们生活、工作、关系各个层面的影响，疗愈或解除这些创伤和限制。

对此，我们可以考虑跟父母和解——哪怕他们有的已经离世。

当然，一个不错的爱人也可以帮助我们慢慢走出来，但前提一定是自己有觉知：对方不会永远在那里呵护我们，我们要自己慢慢变成独立的个体。

此外，有条件的朋友，可以跟咨询师建立一个稳定有滋养的关系，然后慢慢接纳和和解。

（3）支持与滋养

在摆脱依附的过程中，每个人都需要一些力量，来作为我们的支持和滋养。这种支持可以是无形的，也可以是有形的。

有一个来访者，在进行催眠练习时，我让她从站着的位置往前迈一步，以脱离对外婆多年的心理依附，可是因为内心充满恐惧，她不管怎么用力也无法迈出一步，好像双脚被粘住了一样。

她害怕失去外婆的温度和保护，也害怕外婆一个人孤独，没有人陪伴，这些恐惧让她深深地依附在外婆身边。

正是因为这样一个依附心理，她长大后就一直在寻找一个新的依附：老公。在老公常年出差的时候，她的情感无法寄托，于是就依附在一个婚外恋对象身上。

后来，我让她在催眠状态下，把支持自己的资源如女儿、书和闺密，分别对应成力量、智慧和爱的守护天使。

她这才勇敢地迈出了一步，开始学会长大，开始摆脱依附，从而更好地住进了外婆给她的爱里。

# 4

关于婚姻，有这么一句很有智慧的话："婚姻不是疗养院，而是健身房。"

健康的婚姻关系，应该是树与树的关系，彼此相依却各自有根；应该是钻石跟钻石的关系，独立发光，只追求最大切面的接触；更应该是"1+1=3"的关系，彼此成就，共同创造出真正的幸福。

最后，想给大家送上一首诗，来自纪伯伦的《寂寞的智慧》[①] ——或许这才是我们应该追求的幸福模式：

你们的结合要保留空隙，

你俩结合中要有空隙。

让天堂的风在你俩间翩翩起舞。

你俩要彼此相爱，但不要使爱变成桎梏；

而要使爱成为你俩灵魂岸边之间的波澜起伏的大海。

你俩要相互斟满杯子，但不要用同一杯子饮呕。

你俩要互相递送面包，但不要同食一个面包。

一道唱歌、跳舞、娱乐，但要各忙其事；

须知琴弦要各自绷紧，虽然共奏一支乐曲。

要心心相印，却不可相互拥有。

因为只有"生命"的手才能容纳你俩的心。

---

① 《寂寞的智慧》：[黎巴嫩]纪伯伦，李唯中译，九州出版社。

要相互搀扶着站起来，但不要紧紧相贴。

须知神殿的柱子也是分开站立着的。

橡树和松树也不在彼此阴影里生长。

## 本章回眸

家原本是每个人温暖的港湾，在那里我们可以放下所有戒备，放心去释放压抑在内心深处的情绪，放松我们忙碌而疲惫的身心……然而，对有些人而言，现实中的家，却总是充满着敌对、评判、控制甚至伤害，让我们在一次次的失望中变得绝望，在痛苦中痛哭，直到长大后，逃也似的离开这个熟悉了多年的地方。

可是，即使逃离了这个家，也永远逃不开那份无形的连接，导致自己命运总是惊人地相似和重复。唯有真正地面对那些不想面对的伤，带着爱去化解一个个难以化解的痛，才能真正地连接家庭最深处的爱，把纠缠和伤痛转化为生命中最美好的祝福。

# 心想事成，
# 帮你活出丰盈的自我

**Part5**

# 决定命运的三种力量：自我、权威和集体

有这么一个姑娘，杭州人，人美声甜，气质出众。

结婚前，她觉得她老公不适合结婚，因为玩心太重，责任欠缺，结果他们结婚了，她老公确实如此；结婚后她觉得老公不怎么爱她，后来也证明这是事实，她老公出轨多次；生孩子之前，她认为自己和老公都不怎么爱孩子，这最终也成为现实。两个人都忙于工作，唯一的孩子成为留守儿童，跟奶奶一起在老家相依为命。

……

对此，到底是因为她心有慧眼，很早就有这样的先见之明，还是因为她自己在不经意间把某些想法变成了现实呢？

抑或是以上两种皆有可能？

值得一提的是，她的妈妈结过三次婚，她一直跟随着妈妈，小心翼翼地适应着一个又一个的家庭，如履薄冰，胆战心惊。

试问，她后来不幸的婚姻、生活甚至命运，是否跟这段痛苦的童年经历有关？而且她的剧本是否早已写好，她不过是照着剧本演而已？

## 2

一个人的命运原型是什么？

佛家的说法是：相由心生，命由己造。

心理学家荣格的说法则是：你的潜意识指引着你的人生，而你却称之为命运。

很多人会不经意地陷入重复中，感觉自己的生活一直在绕圈。

有这么一个来访者，她四十岁不到就离了三次婚。

我问她，离婚三次的原因分别是什么，她回答得头头是道，好像每次都有不得不离的原因。但在我的一番细问和探究后，她惊讶地发现，原来每次离婚都跟她父亲有关。

第一次，是因为父亲不喜欢对方，嫌弃对方不够上进，只会油嘴滑舌；

第二次，是因为父亲说她离婚了，接下来要做一辈子的剩女，然后她很不服气，匆忙之下结婚，结果人都没看好，越处越难熬；

第三次，则是因为想走出父亲的控制，但力量达不到，就选择了身边一个最强势而有钱的男人，但这个人大她十几岁，父亲又经常笑话她丢家人的脸。

由此可见，如果这个姑娘不彻底打破跟父亲的纠葛，往后悲剧的概率还是非常大的——可以说，她的命运一直在被一种无形的力量左右，而这正是我接下来要探讨的。

总的来说，一个人的命运往往是由以下三种力量所决定的：

（1）自我催眠；

（2）权威催眠；

（3）集体催眠。

以上三种力量交错在一起，相互影响，通过不断催眠，共同塑造了我们的命运。

具体而言，正向的催眠容易让我们爆发出巨大的创造力和惊人的战斗力，可以促使我们摘得丰盈的人生果实。

至于负向的催眠，则会形成一种"冥冥中"的神奇力量，让我们不断地陷入困境，坠入泥潭，人生之路越走越窄，进入宿命般的轮回。

接下来，我们就一一来看它们的作用。

自恋是人的本能，人是一种非常自恋的动物，我们很容易爱上自己的想法、说法和做法。

所以，在亲密关系中，有这样一个秘密：在跟另一半相处的时候，我们要懂得引导对方真心地付出。心甘情愿的付出越多，对方就越在乎这个关系，也就越爱你了。

也就是说，有些时候，一个人（尤其是男性）表面爱的是她，其实爱的是自己在这个人身上的付出。

然而，很多女性并不知道这个秘密。她们常以为，要想别人对自己好，就该先对别人好，所以不断地讨好、迎合，圣母心泛滥。

满足自恋能够获得巨大的快感，为了追求这份快感，有的人宁愿让自己的生活过得不幸福，甚至痛苦。

在咨询室中，我们经常看到来访者有这样一种逻辑："男人都不是好东西！"

一旦形成这样的催眠暗示，她就会没安全感，外在表现就是忍不住"作"，去无意识地测试男人到底是不是好东西，最终男人都会架不住这样的折腾和测试，成为她不断暗示下的"坏东西"。

到了这时，她的内心就会产生一种满足感："看吧，我早说了，男人都不是好东西。"

然而，很多时候，关系的破裂，正是被自己强大的潜意识催眠所致。

有一个来访者前来咨询孩子的情况，说她的孩子不爱学习。

我问她："孩子是对所有功课都排斥吗？"她说："不是的，就是不喜欢数学，而且很奇怪的是，以前他好像挺喜欢数学的呀。"

然后，我就问她："孩子对数学老师有好印象吗？"

她说："好像不是很喜欢，因为学校最近换了一个新老师，他

认为是新老师的来到，才使得原来那个老师走的。"

显然，这就是孩子不爱数学的真正原因，因为他不认同这个老师。解决问题的方法其实很简单，让他明白新老师的来到，不但没有导致那个老师走，而且还让那个老师升职了。这样一来，就能让孩子的爱延续下去，不再排斥数学。

由此可见，作为受学生爱戴的老师，对孩子的学习会产生多大的影响。

我有个心理学的同行，就很会用这个技巧。每次孩子上完幼儿园回家，他都会跟孩子说："老师今天又偷偷表扬你了，说你今天吃饭很乖。"

然后他的孩子就很得意，对老师有好的印象，结果成长得一直不错。

以上就是决定命运的第二份力量：**权威催眠**。

我特别想补充的一点是，关于权威催眠，有这么一个代表性的实验。

1968 年，罗森塔尔带着助手们来到一所乡村小学，在一到六年级各选了三个班，对这十八个班的学生进行了一个"未来发展趋势测验"。测验结束后，他把一份"最有发展前途者"的名单给了校方，并叮嘱他们要保密，免得影响实验的正确性。这个名单占了学生总数的百分之二十，但校长和学生都不知道的是，名单上的学生其实都是随机选的，罗森塔尔根本就没有去看测验的成绩。

奇妙的是，八个月后，情况有了些变化。在对这十八个班的学生进行测验时，他们发现，上了名单的那部分学生，成绩普遍有了显著的提高，而且性格更外向，自信心、求知欲都变得更强。

面对这个结果，罗森塔尔提出了一个词，叫"权威性谎言"。

他认为，他对于校方来说是权威，而校方对于学生来说也是权威，将"你最有发展前途"的"谎言"传递到那些作为实验对象的学生身上，最终这些学生果然变成了这样的人。

而且，很有意思的是，这些学生并没有得到明确的语言信息，没有被告知自己是"最有发展前途"的人，是老师们通过情绪、态度影响了他们。

说到这儿，可能有些朋友要问了，所谓的权威包括哪些呢？

其实，除了我们喜欢的老师、长辈、专家外，每个人最重要的权威就是父母，他们极大地影响了我们的依恋关系和情感生活。

举个例子，如果一个人的母亲，经常跟这个人传递"男人都不是好东西""你爸爸不是个好东西""婚姻也不是个好东西"这样的信息，那么可以想象，这个人未来的依恋模式肯定会产生巨大问题，严重情况下甚至会否定异性关系。

德国电影《浪潮》讲了一个荒诞而深刻的故事。

高中教师赖纳·文格尔通过课堂实验的形式，只花了七天的时间，就打造出了一个狂热的法西斯独裁集团，一如当年疯狂的纳粹组织——而且，这还是根据 1967 年 4 月发生在美国加州的一所高中的真实故事改编而来的。

由此可见，在一个集体的浪潮中，人是很容易被影响和催眠的，其命运很可能会受到重大的影响。

这也是给我们的命运带来改变的第三股力量：**集体催眠**。

有个来访者，她所在的地区普遍风俗是男人只要对老婆好，能赚钱——他们也确实比较能赚钱——在外面"浪"也是可以被原谅的。

也就是说，她活在一个"大家都说这样的男人是好东西"的集体催眠中。很多女性，就认同了这点。

所幸，我的这个来访者从小到大所受的教育，让她并不认同这一点，她试着去打破这个逻辑。

后来在老公多次出轨后，她就坚定地离婚了——她是他们那个小镇第一个因为老公出轨而离婚的女性。

几年后，她告诉我，她成为当地女性的榜样。很多年轻女性以她为正向目标，坚定地活出自己，不再像老一辈的女性那样，面对老公出轨选择委曲求全地过一辈子。

催眠师斯蒂芬·吉利根认为，人有三种智慧："头脑的智慧，身体的智慧和场域的智慧。"

其中，场域的智慧也可以理解为我们今天所说的集体催眠的作用。

对此，我们一方面需要借助集体的智慧来催眠自己成长，另一方面也要有觉知地保护自己，不让某些负面的集体力量影响到我们的独立觉知。

以上三种力量或者说催眠，就是每个人的命运原型了。

其中，权威催眠和集体催眠，都是通过外在的力量植入到我们内心，并在成为我们的信念后，不断地交错催眠，相互诱导，最终起作用，正如那些相信鬼（权威）的人，才容易被鬼吓到。

所以，你一定要小心你的想法，特别是那些不经意间冒出来的，它们往往来自你的内心深处，并在潜意识的驱使下，偷偷地变成现实。

# 归属和忠诚：是什么阻碍了你活出自我？

有这么一个女性，有一天，突然因为一件很小的事跟妈妈发生了冲突，随后被辱骂了半个多小时。

之后，她就彻底崩溃了，一连哭了好几回，像是一个绝望的孩子。

咨询时，她说："沈老师，我跟老公吵架闹到要离婚的时候，都没这么崩溃过。这一次却感觉快受不了了，有那么一刻都不想活了。"

我问她为什么。

她说："感觉没有根了，心里特别绝望，有种掉入黑暗深渊的感觉……"

无独有偶，另一个女性，三十多岁，不久前跟妈妈的一次冲突，也让她有那么一刻产生了不想活的念头。

诱因其实很简单，那天她跟朋友聚会，回家比平时晚了半小时，然后被她妈堵在门口骂了很久。

她感觉无处可逃，无力可逃，把新买的昂贵手机当场砸了回应她妈。

当晚睡着睡着，她突然就惊醒了，而且还伴随着窒息的感觉，心跳也突然跳到了每分钟一百二十次，两手不断冒汗发抖……

为什么仅仅是跟妈妈吵了一架，就有人会感觉如此绝望？

究其原因，可以总结为两个词——归属和忠诚。

因为她们的内心归属于原生家庭，忠诚于妈妈，所以一旦跟妈妈产生冲突，就诱发了小时候的被抛弃感，唤起分离创伤体验，就会瞬间产生心无所归、身无所依的感觉。

这让她们非常恐惧，继而有崩溃和自毁的感觉。

正是这个原因，很多人无法活出自我。

他们不但无法在职业上做出自己的选择，也无法在情感上遵循自己的感觉——哪怕是在生活的小细节上，比如穿什么衣服，吃多少饭、夹什么菜等，他们都不能自己说了算。

在父母面前，他们的声音是不重要的，他们的意志是被绞杀的。长此以往，他们轻则变得麻木不仁，情绪压抑，重则情绪躯体化，进而导致各种疾病，甚至严重的癌症。

<h1 style="text-align:center">4</h1>

活出自我，为什么会这么不容易？这是因为我们总感觉有人会拉着我们，而且拉着我们的人还往往是我们的至亲。

当我们要活出自我，要遵循自己的感受，遵循自己的意志去生活、去爱的时候，就会遭到他们的重重阻挠，因为我们做出的决定，很容易让他们感觉害怕、恐惧。他们的这份恐惧往往会转化为愤怒，让他们产生巨大的控制欲。

如果之前没有活出自我是 a，活出自我后是 b 的话，在活出自我之前，我们一直认为自己是归属于原生家庭，或者某一个人、某一个群体，当我们活出自我了，去到了 b，我们自然就归属于另外一个群体了，这往往意味着对 a 的背叛。

当我们内心还没有足够能量的时候，就会害怕。

所以，很多人是通过恋爱去活出自我，因为只要勇敢地进入新的关系，并归属于那一段关系，他们就能够走出原生家庭。但现实是，很多人以为他去恋爱是要重塑，是要展开第二段生命，但事实上往往是再一次痛苦的重复和轮回。

因为他是带着一份恐惧、一份内心的不完整，去奔赴另一个归属的群体。尽管他在这个群体中最初能感受到被爱和温暖，但很快就会陷于鸡飞狗跳的损耗和痛苦的相爱相杀中……如果有了孩子，孩子也会在这样的家庭中受到严重的伤害，从而在无意识中继续承接着不幸的命运。

每个人活在世上，都在追求幸福，也渴望拥有幸福。一般来说，幸福指的是家庭美满，其乐融融，但其实还有一种更深层次的幸福。

家庭治疗师海灵格认为，一个人最深的幸福，往往藏在他的不幸和问题当中。

因为通过不幸和问题，他跟某一个人或者某一些人彼此连接着，忠诚着，归属着。只有这样，他才觉得安全和幸福。

当我们看到这一点的时候，就能够真正地去理解一个人的不幸，以及他为什么要待在某一个问题当中，而不愿意走出来。

因为他们会认为，那些想要帮助他的人，阻碍了他们的"幸福"。

在生活中我们可能会经常说，面对新的情况，要做好最坏的准备。

但是对于最好的情况呢，我们是否也做过准备呢？

我们是否准备好让我们的生活变得更加美好呢？

这些问题乍听起来有一点荒谬，但事实就是如此，很多人并没有准备好去过更好的生活，以及他们心目中最好的生活。

因为在潜意识里面，他们会有巨大的恐惧，会排斥这种生活。

他们会认为，一旦他们从过往的痛苦或者苦难当中走出来，他们就等于背叛了某一个家族或者家族的成员，这种背叛和不忠诚会让他们感到特别恐惧。

在情感生活中，有些人寻找另一半的动力，往往就是"强迫性重复"自己原生家庭的模式。

她找另一半是为了证明她的原生家庭的某些模式是对的，所以她会固守着她自己的一个模式。

比如她妈妈可能就是比较凶悍的，那她组建了一个家庭后，她可能也会扮演这样比较凶悍的角色，因为她认为这是她熟悉的，也是正确的。

可以说，这是一种无意识的忠诚，哪怕她自己不愿意，哪怕她在原生家庭已经受了很多痛苦，但她还是会忠于自己的原生家庭。

如此一来，就会出现一个非常普遍的问题：

如果每个人都要忠于自己的原生家庭，那两个人走到一起，就会产生巨大的冲突。

所以，有着和谐的夫妻关系的人，敢于"背叛"自己的原生家庭，愿意重新去寻求一个更加健康的、正向的循环，这样一种理想的婚姻模式。

心理学家曾奇峰认为：爱制造分离，而施虐制造忠诚。

这是因为一个人的成长，只有不断破壳，才能从一个小的空间，进入更广阔的世界。

在这个过程中，如果在某个地方特别强调忠诚，就是让一个人的发展停滞。

有个健康的成长过程，孩子的个体化自我——独立人格，才会真正地诞生，并在心理上与妈妈完成健康的分离。

然而，绝大多数的父母却做不到这一点。

在长到六个月大前的共生期，孩子没能和母亲建立起基本的共生关系。

等孩子进入分离和个体化期，母亲或其他抚养者控制欲太强，不允许孩子有自己的意志，让孩子听话，同时与孩子的分离比较多。

等孩子长大了，母亲反而越来越依恋孩子，不想与孩子分离，甚至对孩子强调"你是我生命中唯一重要的人，我不能失去你"。

等孩子成家了，母亲成为婆婆，把媳妇当作外来的敌人，甚至会认为这个家就是自己儿子的家，媳妇是外人。更过分的是，这类

人甚至认为孩子是她儿子的，而生孩子的媳妇却是外人——她们这样认为，不是因为傻，而是因为自我没有完成诞生，导致自己被恐惧所支配。

总而言之，一个人的成长蜕变，有时候就像是开着宇宙飞船，勇敢地冲出大气层，告别地球，奔赴浩瀚的宇宙。

但如果能量暂时不足，我们就会一直被地心引力所束缚、纠缠，总是被"抓"回来，围绕着地球而转，也就是所谓的"强迫性的重复"。

唯有储备足够的心灵能量，才能真正地跟地球母亲分离，跟原生家庭分离，并带着地球的祝福，去浩瀚的世界探索，真正地活出自己的人生——有趣的是，当我们真正这样做的时候，才会真正地学会爱地球，懂得爱我们的原生家庭。

# 正念催眠：为何要少说"希望"，多说"相信"？

在生活中，你会经常说"希望"这个词吗？

说完之后你有什么感觉？

你听到别人对你说"希望你怎么样"，又是什么感受呢？

我们可以说："你一定可以……"比如在工作当中，我们不要说"我希望你可以做得好"，而应该说"你一定可以做好"。

我们也可以用另外一个词——"相信"，比如我们可以说："我相信你可以做好！"

同样地，在亲密关系里面，我们也要少说希望——因为这种希望的背后，同样有着负向的催眠。

出于人性的某种本能，很多人习惯或者喜欢去控制和改造他人，希望对方变成自己理想中的样子。

很显然，这样的希望缺乏真正的爱，会给对方带来越来越大的压力，导致事与愿违，不但不会成功改造对方，而且与对方的关系也会变得越来越糟糕。

所以，我们可以放下一些希望，减少一些期待，放弃直接改造他人的念想，而是通过一些调整，达到让对方主动改变的目的。

举个例子，如果对方开风扇纳凉，而我们想要关掉风扇，我们可以直接说"我希望你把它关掉"吗？可以说"如果你不关掉，我

可就要直接动手了"吗？可以说"你这个家伙实在是太自私了，你不知道我很冷"吗？……

以上的几句话，大家可以感受一下，这都是以"我"的欲求为出发点去希望和要求，哪怕你暂时能让他配合，他很可能又会很快把风扇打开。

那有没有更好的方法呢？

我们可以试着把空调打开，选定好模式，调成合适的温度。

那对方内心自然就愿意配合，会主动把风扇关掉。

总的来说，希望跟期望一样，不但容易给人一种无形的压力和负面的催眠，而且背后还有一句这样的潜台词："你现在不够好！"

正是因为你现在不够好，有缺陷，所以就要按我所希望的方式去改变。

可想而知，听到的人自然会奋起抵抗，嘴里或心里冒出一句："凭什么！就你说得对？！"

而相信则不一样，相信是一种赋能，对方会感觉自己是被信任的，因此能量会不断地往上走。

至于"一定"，则会在必要的时候激发对方的动力，给对方一种必胜的信念和画面感。这样一来，自然也会让我们的关系发生不一样的流动。长此以往，我们的情感或婚姻，也会呈现出不一样的发展方向。

# "心想事成"：读懂你的幸福脚本

幸福从来跟幸运无关，跟相貌、财富、身高、体重、性格，甚至性能力也都关系不大。关系最大的，其实是每个人的内在暗示和自我期待。

说到这儿，可能有的朋友要问了，这不是唯心主义吗？谁不期待自己幸福呢？

还真未必，有些人表面在追求幸福，憧憬美好的生活，但其实，他们内心从来不相信自己可以获得幸福。这就像绝大多数人希望有钱，但其实，他们内心从来不相信自己可以成为富人一样。

自恋是人类的本能之一，一旦我们形成了某种自我暗示和期待，种下了种子，潜意识就会吸收一切可以吸收的力量，往这个方向去推动，以证明自己是对的——对此，心理专家张久祥把这种看似神奇的功能称为"心想事成"。

比如，有这么一个来访者，她总是认为男人是不可靠的，事实上她也的确三番五次地遇到男人出轨的情况，屡屡受伤，这让她觉得自己的命运真是悲惨。

但其实当下的一切，都是她自己无意识地选择或推动而来。

这是因为：一来，她容易迷上那些浪漫自由的男人，而对忠厚老实的靠谱男无感；二来，她会不经意间诱导男人去出轨，为的是

测试出所谓的最安全的男人。

这样一来，她就满足了自恋——看吧，男人是下半身动物，是不可靠的。

值得一提的是，每个人的自我暗示并不是天生形成的，而是在长大的过程中慢慢形成的，其间可能会受家庭、学校、书本甚至是某个已逝多年的家人所影响。

但其实，最大的影响来自"权威"，而对于小时候的我们而言，最重要的权威，毫无疑问就是父母。

当父母持续地给我们爱和滋养，相信我们，我们就容易形成一个强大的内聚性自我，也容易对自己有一个积极的期待。

但如果权威给我们的一直是否定的声音，或者认为别人家的孩子比较好，抑或家里的其他孩子比较好（比如重男轻女），我们就容易产生特别消极的自我期待。

此外，在感情婚姻中，如果父母给了我们非常不好的，甚至恶劣的榜样，我们也会在不经意间形成不好的暗示。

比如，一个离异的母亲总是说男人不好，给女儿从小灌输关于男人的负面信息。而她的女儿长大之后因为害怕异性，不相信男人，直到四十岁还是单身，其间虽然曾有过一些好的情缘，但都被她以这种或那种原因推走了。

总的来说，自我期待和权威期待这两种力量，共同形成了我们的人生脚本，也构成了我们看似无常却早已注定的命运。

这也正是人生的奇妙之处，人性看似捉磨不透，命运看似扑朔迷离，但其实每个人的人生脚本早在悄然间形成。如果不打破它，重新书写，那么它往往会影响我们的一生。

在日常的幸福团体坊中，我经常会让学员做一个小练习，目的是让她们觉知自己的人生脚本，看里面有没有消极的暗示在阻碍她们的幸福。练习的规则很简单，喜欢的朋友可以尝试一下：

1. 准备一张白纸和黑笔；

2. 闭上眼睛做三个深呼吸，感受一下自己的身体和情绪，让自己彻底放松；

3. 睁开眼睛，写下你记忆中最深刻的三件事或三个场景；

4. 试着把它们完善，写下它们发生的时间、地点、环境和相关的人物，以及在这三个情景中的身体感受和情绪体验。

在做完这个练习后，我们往往会发现，一个人记忆中最深刻的三件事，很可能就是他的人生脚本，给他日后的生活、工作和情感都做出了预言。

以下，就是三个学员（均为化名）的人生脚本，大家可以对照一下。

【娟娟】

第一件事

小时候家里条件一般。有一次，家里来了客人，妈妈给客人煮了六个鸡蛋。我见客人吃，自己也想吃，所以就一直看着客人，客人看到我想要，就往我的碗里夹了一个，但是我还是不满足，一直看着她，因为她碗里比我碗里的多。妈妈觉得我不懂事，就把我骗

出去，狠狠地用棍子打了一顿。至今想起，我都很怨恨妈妈，因为她对一个三岁多的孩子太不宽容，要求太高，导致我之后很害怕犯错，很怕让别人不满意。

第二件事

有一次，我忘记了具体因为什么事情，我在妈妈面前一直哭闹。我哭得很伤心，渴望妈妈关注我，安慰我，或者抱抱我都行，但是任我怎么哭闹，妈妈都不关心我，甚至骂我，粗鲁地对待我。

这件事情让我后来对妈妈绝望了。因为不论我如何努力，都得不到妈妈的关心。很多事情我都不愿意再告诉妈妈，我对她失去期待了，不再渴望了，开始对她疏远。从此以后，我开始向外索求爱来满足自己，可是无论如何，外界都无法满足自己。

第三件事

小时候，爸爸妈妈经常吵架，我很害怕他们吵架。他们每次吵架，我都很紧张，害怕得不敢睡觉。

在我长大之后，每次看到别人吵架，我都害怕，希望大家可以和平相处。在亲密关系中，我也非常害怕冲突，不敢吵架，但越是压抑，就越容易突然爆发。

【思思】

第一件事

小时候我很怕弟弟生病，经常假设几年后，他多少岁我多少岁，我们就都长大了。后来的婚姻里，我都是围绕着家人不断地付出，一辈子都好像在为别人活。

第二件事

我以前很希望我爸不待在家里，他要是能一直出差就好了，因为无论我做得多好多差，邻居都会认同我是个好姑娘。但他都会看我不顺眼，命中好像跟我相冲。不过至今也很怀念他煮的饭菜，一锅香浓的猪脚黑豆汤。

第三件事

长大后我希望自己嫁个跟爸爸不同类型的男人。妈妈教我家和万事兴，所以不管如何，我都不会去吵架、去吵闹，有问题解决问题，尽管有时心里憋屈，但总想这个家安宁。写到这里为什么有想哭的感觉？我真的太弱了。

【月月】

第一件事

初中的时候我暗恋班长，把心事写在日记里，后来还跟好朋友分享了，但没想到，她把这些事情说给了别人听，还背着我在教室里拿出我的日记给大家看。从那以后，全年级都知道我暗恋班长。可怕的是，只有我自己还蒙在鼓里，傻傻地把她当成最好的朋友，分享小心思。很久之后我才知道，当年的我完全是大家眼里的二傻子。

第二件事

十二岁的时候，当时我家还是带院子的那种老式平房，那一天我在一个屋里用盆子洗澡。我妈在外面做家务，不知怎么的就发现了我带锁的日记本。打不开，她就用砖头还是什么东西砸开，看到我暗恋别人的事，然后暴怒，冲到我洗澡的房间直接把我拎出来，

我就那么光着身子站在屋里听她骂。她还把砸开的日记本丢在我面前，说我不好好学习，原来在想这些乱七八糟的事情，说得激动了还打了我。骂的话我已经忘了，但我知道那次非常非常丢脸，没有办法抬头。

第三件事

高中的时候，我喜欢看《青春之歌》《红楼梦》《安娜·卡列尼娜》等青春激昂或充满浪漫主义的书，不听流行歌，不知道动漫是什么，思想又红又专，结果却被很多成绩好、相貌好、性格开朗的同学嘲笑，可这事我当时并不知道。

直到有一天，有两个平时不那么要好的同学放学的时候叫住我，说："你别和她们玩了，她们暗地里都在欺负你，不是真的对你好，以后别再帮她们做事了。"她们说这些话的时候，我真心觉得自己是好的，是值得别人好好对待的，而不是永远只有仰望别人。这两个同学，一直到现在都是我的好闺密，虽然事情已经过去十几年了。

……

从上面的故事中，我们很容易发现，过往印象深刻的三件事，给我们未来的幸福写好了脚本，比如最后那个叫作"月月"（化名）的来访者，她写的第二件事对她的影响就特别深。

在后来的婚姻中，她跟老公经常吵架，吵得最厉害的时候，她会像发了神经一样把衣服脱掉，在家里裸奔——这恰恰对应了童年那一次不堪回首的裸露事件。

美国心理家艾瑞克·伯恩在其生前最后一本著作《人生脚本》

中说道："人生脚本是童年时针对一生的计划，被父母亲所强化，从生活的经验得到证明，经过选择而达到高潮。"

佛家有云"命由己造"，每个人的命运都是由自己打造的，种因得因，种果得果，就看你是否有足够的觉知，明白何处的因，对应何处的果。

我们每个人都有一份脚本：如果这份脚本写满了幸福，那一个人就很容易获得幸福；但如果这份脚本写满了伤痕、泪水和悲痛，那就需要特别注意了。

我们需要形成一份觉知，形成一些洞见，从而帮助我们调整好"自我期待"，并适当地引导和对抗消极的"权威期待"，打破固有的心理逻辑，继而形成新的体验和脚本，让幸福变得顺其自然，让人生变得心想事成。

# 对金钱说"是"：揭开金钱背后的心理隐喻

有这么一个女生，非常想赚钱，但不管她怎么努力，如何付出，还是负债累累，透支了很多张信用卡，也欠了朋友很多债务。

她勤奋吗？

勤奋。

她想赚钱吗？

想。

可为什么会落得这个结果呢？

其实，答案跟我们很多人的都一样。

在头脑层面、在意识层面，我们都想要赚钱，而且赚得越多越好。

但是在内心深处，潜意识层面，却未必如此。

而潜意识对我们的作用和影响，远超意识。

这位女性，她每次赚的钱，都得交给她的母亲保管，还拿给男友去花。

对于金钱，她没有最基本的掌控权。

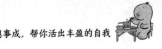

这意味着，她赚得越多，就被"剥削"得越严重——所谓"鞭打快牛"，内耗自然会越来越严重。

为了避免这种痛苦的情况，她的潜意识选择了一个"赚不了钱"的模式来保护自己。

从心理学的角度看，金钱并不是一种没有情绪和生命的东西，其背后承载着很多人的情绪感受。

在幸福团体坊里，我们有一次邀请大家做了一个关于"金钱"的心理练习。

练习的规则很简单，就是引导大家闭眼放松后，想象一个人来代表金钱，然后看看自己跟这个人的关系。

其中，有人看到了爸爸，想要靠过去，但爸爸却很冷漠。

有人则看到了老公，想过去的时候，对方却突然变成了一只怪兽。

还有人看到了妈妈，妈妈想过来的时候，他却避之不及。

更有人看到了某个富裕的朋友，对方给自己支持和鼓励。

……

对此，我们可以将代表着金钱的人分成三大类：

（1）代表着金钱的人，不理我们，忽视我们；

（2）代表着金钱的人，愿意靠近我们，可因我们害怕，选择了回避和拒绝；

（3）我们和代表着金钱的人彼此吸引，彼此支持。

以上，就是我们潜意识跟金钱的关系了。其本质到底是吸引还是排斥，将决定我们是否能真正拥有金钱。

海灵格在家庭系统排列坊里有一次遇到这样一个来访者：

这个来访者，经营着两家公司，一个是关于中医方面的，另一个是文化出版公司。

奇怪的是，不管他多么努力，他的中医门店都无法成功，持续亏损。

排列的时候，海灵格用两个人分别代表着中医和出版事业，然后，选第三个人代表着金钱。

结果怎么样呢？

这个代表着金钱的人，始终不愿意走向代表着中医事业的那个人面前，而且代表着中医事业的那个人还对他有着巨大的愤怒。

为什么呢？

当我们把妈妈排进来的时候，一切答案就揭晓了。

因为他对妈妈充满渴望和愤怒，所以他一方面坚持着这个事业，另一方面又在心里排斥着它。

当他修通好自己跟妈妈的关系之后，那个代表着金钱的人才真正地走向了他的中医事业。

说到金钱，我们都知道金钱跟我们的内在感觉有关。如果继续细分下去，则会有两个维度：

（1）赚钱的感觉；

（2）花钱的感觉。

比如在催眠工作坊中，我常常会邀请大家，用左手代表赚钱的感觉，用右手代表花钱的感觉，然后让大家感受左右手中出现的画面和感觉。

有一个女性朋友，感觉左手特别沉重、疲惫，并且脑海里出现了小时候家人深更半夜搬方便面的场景；

而感受右手时，出现了愧疚、不配的羞耻感，还看到了母亲在拼命指责她，父亲就是因为她而出去工作的。

由此可见，这位朋友有着很多对金钱的负向感受，怎么办呢？要如何恢复正向的流动和相互吸引呢？

（1）如果对金钱有负向的感受，那先第一时间感受下这种负向感受来自哪里，然后和内在的声音对话，或者和影响我们的人和解或修通。

（2）增加对金钱的正向感受，比如曾经谁让你对钱有正向的温暖有爱的感觉，可以强化这种正向有爱的感受。

（3）金钱也是情绪和力量的象征，海灵格就认为我们和父母的关系直接影响到我们和金钱的关系，父母就是给予我们生命的源头，

如果把源头的力量断掉，就会影响金钱流向我们。

所以跟父母和解很重要，并应尝试尊重父母的金钱观。

当我们内在的感觉，变得跟金钱互相吸引，当我们挣钱和花钱的感觉都变得自然流动，金钱就会成为我们的亲人和爱人，也必定帮助我们通往财富之路。

最后，问大家一个问题，你相信世间有所谓的"摇钱树"吗？

如果有的话，这棵树长得会是什么样子呢？

此外，你摇钱的时候，会带着什么样的心情呢？

会有谁陪伴在你的身边呢？

**冥想　金钱**

这个练习可以培养我们对金钱的感觉，让我们更好地了解金钱的本质，感受到金钱的能量和价值，并且改善我们和金钱的关系。

只有这样，我们才能想象出金钱进入我们生活时的样子，并允许自己去感受拥有金钱的喜悦和快乐。

以下是练习的步骤：

1. 拿出你所能拥有的最大面额的钱（纸币），一张或者几张。

2. 双手合住纸币，放空你的心，做三至五个深呼吸，然后舒服地闭上眼睛。

3. 接着，我们来感觉这张纸币，仅仅是感觉它，感觉它在我们掌心，允许它在掌心。

试着对钱说"你好"，并让它做个自我介绍，倾听它的声音。让你的心平静下来，仔细聆听。

看看我们的感觉是什么，是否感到温暖？这是金钱的第一个特征——它很温暖。

4. 接下来，看看你心里是否出现一些画面或想法，允许它自然发生。

例如，有一位女士第一次这样做时，想起了小时候妈妈从她嘴里拿走一张纸币的画面。妈妈告诉她，钱是多么肮脏，并且急忙带她到洗手间清洗嘴巴，还警告她不许再把钱放进嘴里，碰到钱后一定要洗手。这件事对当事人造成了巨大影响，她不让钱进入自己的生活，不允许钱接触自己，因为在她的潜意识里，钱是非常肮脏的。

也许我们会惊讶于自己突然想起的一些画面，因为已经有很长时间不曾想过这样的事情，但我们要感谢它浮现出来，然后放下它。

你也可以听听看，看是否可以听到任何声音。无论你感觉听到什么，请都允许这个声音发出来，并对它说："我同意。"

5. 如果在冥想中你收到负面的反馈，你要做的是：

感谢这些画面、这些声音、这种感觉，或者这些障碍，并释放它。任何浮现出来的负面讯息，都是在给我们机会放下它。

6. 练习完成后，请对金钱说："谢谢你，我爱你！"

# 健康或疾病：你到底在被什么吸引？

前段时间，我身边有两个朋友倏然离开，生命永远地停止在了 2023 年。

一个是五百强企业的中层管理人员，三十来岁，患恶性胃癌，从查出病到离开，前后只有一个月。

另一个是女企业主，也是三十多岁，离婚带娃，某天晚上在自家公司深夜加班时，突发心梗，第二天被发现时，早已没有了气息。

他们的离开，如此突然，让人痛惜，看似毫无迹象，没有征兆，但事实上呢？在他们身体里，是否早就埋下了悲剧的种子，只是他们未曾发觉而已？

在家庭工作坊中，我会经常带大家做一个排列，叫作"健康还是疾病"。

规则很简单，就是让一个人代表健康，另一个人代表疾病，站在场里，还有一个代表要被排列的案主。

在排列开始之前，每个人都会选健康，都认为自己应该追求健康，

不要疾病。然而，在排列开始之后，却会发生一些有趣的情况。

有些案主，压根儿就不会看健康一眼，反而会深情地看向疾病，甚至主动地走向疾病。

这就说明了，这个案主被疾病所吸引了，哪怕是头脑层面说自己想要健康，但内心深处却不这样认为，所做的事与之背道而驰。

举个例子，有这么一个女性，多年来受困于各种疾病，常年服药，去各大医院看过中医、西医，但却一直没能好起来。

做排列的时候，代表她的人，直接就往代表"疾病"的人走过来，想要拉着对方的手，而完全忽视了代表健康的人。

为什么呢？

很多人不理解。后来，我们把她的外婆排了进来，原因顿时就揭晓了。

她的外婆在她小时候就因病离开了，她感觉世界崩塌，再也没有人爱她了，对于外婆的离开，她有着很多自责和愧疚。

所以，她表面上拉的是疾病的手，其实最想拉的是外婆的手。

然而，她却一直忽略了，爱她的外婆真正希望看到的是她健康快乐。

类似的情况，其实并不少见，很多人不经意就会受困于此。

根据家庭治疗师海灵格的总结，之所以这样，有三大内在的动力，其中任何一种都容易导致严重的疾病，哪怕我们非常注意养生，经常去医院检查身体，也容易在不经意间跟健康背道而驰。

**（1）"我想追随你而去"**

某个重要的家人离世了，因为很爱对方，觉得对方独自离开很孤单，所以有的人就想追随他而去，陪伴对方。但离开的人，其实并不希望如此，他们更希望我们好好地活着，活出他们没有机会活出的生命美好。

在上文的案例中，这个女性就想追随外婆而去，导致自己一直没有办法拥有健康的身体。

**（2）"我是有罪的"**

因为做了一些伤害亲友（比如兄弟姐妹）的事，就会希望自己受到同样的痛苦，甚至以身体生病的方式去赎罪，去让自己心里好受一些。

但其实，当他们这样做的时候，是在看向自己，看向自己内心的罪咎感，而不是看向自己曾伤害过的人。

也就是说，本质上这是自私，阻挡了真正的爱。

**（3）"我想替你而去"**

看到某个家人被伤害或者身患疾病，善良而充满爱的人总会想要替代家人受苦，心里往往会浮现这样一句话："我想替你而去。"

这看起来是一种无私的爱，带着牺牲精神，但其实本质上是一种僭越。当我们这样做的时候，并不能让家人健康，只会让自己受苦。

海灵格认为："在家庭中，当孩子承接了父母生命早期的经历、疾病、罪行或不公义之事等不属于孩子个人的生命经历时，施与受的法则将出现逆转。"

然而，爱能成功的一个重要序位法则是：父母是大的、孩子是小的，父母给予、孩子接受。

当孩子承接了父母早期的经历、疾病或罪行等，那么就变成了孩子在无意识地付出，在内心盲目地说"我为你"，父母无意识或者有意识地对孩子说"你为我"，施与受的法则出现了逆转。

一旦逆转了，爱就失衡了，也就跟幸福和成功背道而驰。

这虽然是一份爱，但却是盲目的，最终悲剧难以避免，只剩一声叹息。

正所谓"天地不仁，以万物为刍狗"，大道看似无情不仁，却对每个人都是公平的。

唯有真正地读懂我们的内心，看见内心的动力方向，与道同行，并带着觉知去做适当的调整，才能让爱恢复序位，让我们重新走向健康，远离疾病，拥抱健康和幸福的人生。

## 冥想　疾病

放松地端坐着，做三至五个深呼吸，然后舒服地闭上眼睛。

感知我们的内在：我们哪里生病了。

看着自己的疾病，或者一直困扰着自己的某个器官。

然后走进那个疾病，或者走进那个痛，跟它合二为一，去感受这个疾病或痛在看向哪里，在看向哪个人。

它看向的这个人正是这个疾病所爱的人。

慢慢去体验和感受。

感受到疾病或痛的无比渴望——对这个人的渴望。

你也是一样的，也渴望这个人，带着爱。

最后我们对这个人说："请你回来吧，你在我这里有一个位置，现在我将你放在我的心里。"

# 幸福和生命力的本源：流动

一天一大早，我收到一条信息："沈老师，刚刚醒来躺在床上，忽然不那么害怕跟他彻底分开了。我现在感觉心里像是有一条小溪在慢慢流淌，很舒缓，很平和。我有一点开心，还有一点放松，感觉世界也美好起来。"

发信息的是我的一个来访者，四十岁左右，有一个有极度控制欲的父亲，从小就抹杀她的个性，否定她的决定，打击她的自信，让她特别没有安全感。不幸的是，她还有一个习惯性出轨、根本没有底线的老公，居然连孩子同学的家长都不放过，最后闹得鸡飞狗跳，孩子被迫转学。

发这条信息的时候，她已经向我咨询了好长一段时间，她的生活已经发生了巨大的变化，开始慢慢摆脱父亲的控制，找回生活的热情和意义；也摆脱了对老公的情感依赖，不再恐惧分离，重新活出了自己——用她的话来说就是，"后青春焕发"了。

其实，这样一种生命力再次开始流淌的感觉，正是一个人幸福的本源。

然而，在现实中，因为各种各样的原因，我们的情绪，比如愤怒、恐惧、悲伤，常常被掩盖或压抑了，让我们没有办法体会到这样一种流动的生命力。

中医说，肾主恐惧，肝储愤怒，肺藏哀伤。

意思是说，任何一种情绪如果没有流动起来，都会通过我们的身体去表达，如果积压太多，也必定会导致我们的身体出现问题，甚至罹患重大的疾病。

流动的愤怒，是动力。

著有《乌托邦》的英国政治家和作家托马斯·莫尔认为："愤怒，给予你力量和动力，让你生命的每一分钟都具有创意，每一分钟都能表现出你自己的风采。"

由此可见，愤怒具有非常重要的意义，因为愤怒往往意味着攻击性，而攻击性就是人类的本能之一。

过分地压抑愤怒，就是在压抑我们的本能，就是在给心灵不断地堆积压抑的愤怒，到头来自然会造成各种心理问题。

值得一提的是，很多时候，一个看起来人畜无害、脾气很好的人，会以其他方式来表达愤怒，比如拖延，自我攻击，或者表里不一。

我有个来访者，老公比较大男子主义，性格强势。她则性格偏软，不敢表达，害怕冲突，常年压抑愤怒，各种事宜唯老公是从，包括生他们的第二个孩子，当时她很不想生，因为正值事业的高速发展期。

可她一直不敢去表达自己的需求，不敢去表达自己内心的愤怒，于是慢慢地，她把愤怒转移到孩子身上，责备和抱怨孩子，同时在很多事情上表面一套背后一套。

不出意外地，她的做法令老公非常愤怒，两人也经常爆发冲突，闹到现在，家庭已经开始分崩离析。

一般来说，愤怒可以分为两种，即好的愤怒和坏的愤怒。

坏的愤怒很容易理解，主要体现个人的恣意妄为，拼命宣泄自己的情绪，对关系产生巨大的破坏。

好的愤怒往往是针对当下的事情本身，勇于捍卫，能够保护我们的空间，促进关系朝建设性的方向发展。

由此可见，适当地表达愤怒，不但不会破坏我们的关系，反而会让我们的关系变得更好。

当然，表达愤怒的方式，未必就是对着对方拼命喊，也不一定非得火冒三丈、怒发冲冠。这些都不算真正好的流动。

其实，真正好的流动是："理解自己的愤怒，问问它向我们传递的信号是什么，然后富有智慧地去流动它。这样我们才会慢慢强大起来"。

流动的恐惧，是安全感。

心理学专家武志红认为，恐惧中，往往藏着我们生命中最重要的真相。

但事实上，面对恐惧，很多人本能地选择逃避，逃到舒适区里，也因此错过了生命中重要的成长点，错过了一个更丰盈强大的自己。

有这么一个来访者，特别怕碰水龙头，每次去洗手间，她都用纸巾包住手才敢碰水龙头，实在没有纸巾的时候，她宁愿不用水。

其实，她真正恐惧的是男性的性器官。因为从小到大，她妈都在她面前拼命地否定男人，说男人最可怕、最恶毒，特别是男人的性器官。

这导致她对此有极深的恐惧，并且常年压抑于心，无法流动，而后产生了扭曲，变成了"怕水龙头"强迫症，因为水龙头看起来非常像男性性器官，特别是滴水时的感觉。

后来，我们给她和她父母的关系做了处理，让她的愤怒充分流动，她这才敢去触碰水龙头，现在都已经能用小指去触碰了。

流动的悲伤，是健康。

佛说，人生有八苦。苦难才是人生的本质，但其实，苦难本身并不会直接带来痛苦，真正决定我们是否痛苦的，是一个人面对苦难的方式。

同样地，悲剧本身不一定导致心理问题。它之所以让我们陷入困境，常常是因为我们想否认人生的悲剧性，没有完成悲伤的过程，

最终在我们精神心理中竖了一堵墙，而且墙越来越厚。

心理专家王尔东认为，哀伤分为三个过程——否认，悲伤愤怒，接纳。

如果一个人因为种种原因，停留在某个阶段，就会固着在那个阶段，持久地活在痛苦的泥沼中。

央视《心理访谈》中有一期讲到这样一个妈妈，儿子在读大学的时候意外死亡，她一个白发人送黑发人，心里非常痛苦。随后，她开始每天给儿子写信，一共写了七年，写了几千封信放在家里，并且还打算一直写下去——不难想象，这大大地影响了她和家人的生活。

她老公后来受不了了，都不愿意回家了。

这个妈妈为什么会这样？

背后的原因很简单，一直以来，她没有让悲伤真正地流动，还停留在否认的阶段，否认孩子的离开，否认悲剧的发生，以至生活没有随着时间的流逝变得更好，反而变得更痛苦。

此外，如果一个悲剧性的 A 事件发生了，当事人没有很好地让悲伤充分流动，导致其固着了，等到后面一个类似的事件发生，他就会不经意地沉溺在其中，能量往内导致抑郁，这也是抑郁症产生的一个常见的原因。

想要疗愈的话，这就需要我们找到当年的 A 事件，充分地让悲伤流动，让堵塞的生命力重新流淌起来，继而真正地化解抑郁。

5

如上所说，除了愤怒、恐惧和悲伤等常见的情绪外，其他的负向情绪，如内疚、羞耻，也都需要保持流动，正向情绪也是如此。

要知道，情绪的正常流动，才是幸福的本源。

另外，想要特别补充的一点是，当关系容量还不够大，另一半暂时没办法接住自己的情绪时，我们也需要学会为自己的情绪负责，让情绪先在自体中流动一些，比如通过运动、冥想，之后再尝试有技巧地在客体的关系中流动。

中医的"通则不痛，痛则不通"，表达的也是类似的意思。没有流动的负面能量，容易积压在身体里形成痛感。而肿瘤的一大成因，是因为血管内堵塞太多，不通透，长此以往才形成病灶。

正所谓"流水不腐，户枢不蠹"，世间万物起源于水，而"上善若水"。

所以我们每个人都应该尽可能地保持流动，自然而充分，正向而积极。须知：

音符的流动，变成美妙的歌声；

空气的流动，化作阵阵的清风；

金钱的流动，造就长久的富有；

眼神的流动，书写美好的爱情。

……

# 如何拥有持久的幸福?

说到幸福，你的第一个感觉是什么呢?

是你风雪夜归，饥肠辘辘地推开家门，发现有人准备了一桌子丰盛的晚餐?

是老板脸色严肃，厉声让你去办公室一趟，结果进去后，说给你升职加薪?

还是突然收到某个心仪对象的告白，终于告别多年来的单身?

……

这些感受，可能是幸福，但似乎又不完全是。

那么，幸福到底是什么呢?

哪里可以获得幸福?

万千繁杂，众生皆苦，如何才能更持久地保持着幸福感呢?

这里先给你分享一则有关幸福的寓言。

从前有一只小猫，它问妈妈："妈妈，妈妈，幸福到底是什么?"

妈妈说："幸福嘛，那还不简单，不就是你的尾巴嘛。"

小猫听完之后，就开始追逐它的尾巴。它不断地转啊转，试图追到自己的尾巴，可是怎么也追不到，怎么也抓不着。

然后它就很不开心地找到妈妈，说："妈妈你骗我，你不是说幸福是我的尾巴吗？怎么我总是抓不着、碰不到呢？"

妈妈顿时笑道："孩子呀，幸福确实就是你的尾巴。当你昂首挺胸、大步流星的时候，你的尾巴自然就会跟随着你，幸福也会始终跟随着你，如影随形、寸步不离。"

很多人表面上在拼命追求幸福，但本质上并非如此，而是在想尽办法逃离恐惧，避免痛苦。

然而，这样的动力，往往会让人陷入更大的困境，进入强迫性重复的轮回中。

就像是一个人口渴了，手上暂时没水，他可能会选择喝不干净的水——哪怕这个水会毒害身体。

其实，在追求幸福的路上，饮鸩止渴的剧本处处可见，比如有些女性，为了避免妈妈逼婚，或者害怕一个人孤独，尽管知道对方不合适，人品、心性都还不成熟，却还是不管不顾地谈恋爱或步入了婚姻。

结果短痛成了大痛。

由此可见，要想真正地寻找幸福，我们需要看到内心的恐惧，

并且懂得去接住和流动它们，避免被其牵引着走，跟幸福背道而驰。

心理学家斯蒂芬·吉利根认为，每个人都有两种非常关键的心智：

居住在楼下：儿童心智；居住在楼上：成年心智。

儿童心智，负责创造性、能量、情绪、感受等。

成年心智则完全不同，需要了解社会规则，赋予一切意义，学习各种工具等。

每个人的生命中都需要这两种心智。任何原始的东西，都会首先流经身体——也就是楼下的心智，然后才会遇上楼上的心智，两者交互成为我们自己。

如果楼上的心智处在负面中，楼下也会创造负面的体验，这就是原生家庭的魔咒，其结果就是跟幸福背道而驰。

所以，一个人想要幸福，就需要让楼上和楼下的心智很好地沟通，这样就能够减少内耗，避免被负面的情绪所牵引。

其实对于什么是幸福，很多人存在理解误区，认为幸福就是及时行乐，或者有更大的自由。结果短暂的情绪体验之后，换来的是更大的虚无感和空虚感，内心变得更加贫瘠和空虚。

积极心理学之父塞利格曼归纳出以下六种直接影响我们幸福感的美德：

（1）智慧和知识，包括好奇心、创造性、洞察力等；

（2）勇气，包括毅力、勤劳、真诚等；

（3）仁爱，包括仁慈、慷慨、爱与被爱等；

（4）正义，包括责任、忠诚、公平、团队精神和领导力等；

（5）节制，包括自我控制、谨慎、小心、谦虚等；

（6）精神卓越，包括感恩、希望、乐观、慈悲、目标感、展望未来等。

塞利格曼认为，以上六种美德，如果能够运用到日常的工作和生活中的话，将会大大地提升我们的幸福感。

德国家庭治疗师海灵格曾分享过这样一个案例：

一位女士的两个叔叔非常不幸，大叔得了精神病，小叔身患残疾，而且不久后双双离世。

这位女士的爸爸感觉很愧疚、内疚，然后他想追随他的两兄弟而去，想过自杀。

女士敏锐地感觉到了危险，因为她很爱她的爸爸，所以她在心里对爸爸说："亲爱的爸爸，宁可是我，而不是你，去追随你的两兄弟。"

之后，她得了严重的厌食症。

怎么样才能解救她呢？

我们需要邀请这位女士，在心里面对爸爸的两个兄弟说："如果我的爸爸想要留在我的身边，请祝福他；如果我要留在我爸爸的身边，请祝福我。"

只有这样，才能放下对爸爸的愧疚感，继而解开这位女士在无意识层面的纠缠。

由此可见，每个人的幸福感，还跟家庭系统有关，我们可能受着某些看不见的力量所牵引。

对此，海灵格还说，当每个家族成员都临在的时候，我们才觉得健康幸福。

所谓临在，指的是我们只有尊重每一个家庭成员的位置（不管这个人是否还活着），尊重家族成员的命运，并且把他们都放在我们的心上，才能更好地走上幸福之路。

综上所述，一个人要想持久地收获幸福，需要从以下八点着手：

## （1）有事做

弗洛伊德曾被问到：一个人最重要的是什么？

他说有两点：去爱，去工作。

爱让我们觉得温暖，不孤独，心安。

工作则让我们感受到价值，力量，自恋的满足。

当我们还是小孩子的时候，都不需要去工作，而且理所当然。所以区别小孩和大人的一个重要标志，就是工作。

这意味着，要想让我们的心理年龄长大，有一个捷径，那就是去工作赚钱。

当然，这里的工作未必就是打工，而是指能为社会创造价值，并以此为生。

如果这个事情，恰好能匹配我们的天赋、兴趣和美德，那幸福感将会成倍、持久。

**（2）看到恐惧，打破强迫性重复**

趋利避害是人性的两大动力。

然而，为了避害，很多人走上了歧途，走进了轮回。为了所谓的人性圆满，逃避内心的恐惧，强迫性地重复着伤痛的命运，跟幸福背道而驰。

真正的解决方法是，带着恐惧做正确的事，不喂养恐惧，哪怕能量不足，需要暂时逃避，也要带着觉知去逃避，允许自己退回来，储备力量，为下一次突破而蛰伏。

**（3）提高对自己的接纳程度**

一个人对这个世界的敌意，往往是内心敌意的往外投射。

这意味着，一个人越能接纳自己，就越对这个世界宽容，越对周围的关系包容——而这也是幸福的重要组成部分。

### （4）有深度而滋养的关系

当我们的内心住下了一个"爱我的人"，我们就比较容易感觉幸福。如果身边经常环绕的是滋养性的关系，则可以让幸福的感觉源源不断。

哈佛大学一项横跨七十五年的跟踪研究证实，孤独、寂寞是有害的，良好的人际关系能让人更快乐、健康，尤其是那些最重要的人际关系，如伴侣关系、亲子关系，它们的质量决定了你的幸福、健康甚至记忆力。

### （5）身体健康

多运动，培养一至两个长期的甚至终生的运动。

运动不仅会分泌一些生物因子，让我们感觉到幸福，而且也能让我们保持身体健康，远离疾病。

### （6）成熟的觉知

著名心理专家张久祥认为，一个人如果能够修通以下的三点觉知，内心将会更加豁达，继而更容易产生幸福感，不容易被短时间的情绪和挫折所困扰：

A. 安其不安：能够跟不安的情绪对话、共舞，并找到某种平衡；

B. 安其所安：能够找到自己认同的擅长之处和心安之位；

C. 安之若命：懂得任何人有长有短，任何事都有舍有得。学会认命的同时，更要具备勇气去改命。

### （7）保持家族系统的平衡

对所有家族成员的序位和命运保持尊重，在内心为每一个成员

212

（哪怕已逝者）留有位置。

### （8）时刻跟我们的目标、中正和资源连接

史斯蒂芬·吉利根认为，一个人要想获得幸福和成功，需要时刻跟其目标、中正和资源这三个维度相连接。

第一，目标。也就是正向愿景，我们这辈子最想要的是什么，我们的愿望所构成的一个个图景，跟它们时刻地连接着。

第二，中正。这里的中正是指中医经常说的腹部丹田能量中心连接，与身体连接。当你感受到平静的喜悦或者悲痛的力量的时候，在我们身体某处，可能是腹部，可能是胸口往下一点点的地方，隐隐约约有反应，那就是我们个人的一个能量场，我们需要时刻地跟它连接着。

第三，资源。包括人，也包括动物、植物，万事万物，只要你感觉他们能给你能量，给你资源，给你支持，你就要让其流进你的内心，跟其始终连接着。

总而言之，当一个人始终跟自己的目标、中正和资源连接着，并交汇于我们的内心，那我们就能发挥出超乎寻常的能量和智慧，获得持久的成功与幸福。

# 七点觉知，帮你活出丰盈的自己

如果说，人生只有一个标准来定义成功的话，我的理解是追寻自己本心，真正地活出自己。

当然，有些朋友可能会有不同意见，他们会说："房子呢？老婆呢？愿景蓝图呢？"

确实，这些具体的目标很重要。

但如果这些目标，并不是出于你的本心，甚至过度地扭曲你的本性，那么，就算你拿到了，也未必会真正快乐，而且甚至还可能一夜之间通通都还回去，所谓"辛辛苦苦几十年，一夜回到解放前"。

活出自己很重要。然而，怎么才叫活出自己呢？

很多人喊了许多年，活了大半生，也不太明白，甚至连自己是谁都不太清楚。

或许是因为过得浑浑噩噩，随波逐流；也可能是因为活得行尸走肉，犹如游魂……这些人，我们很容易就能一眼看出，但有些人，却不容易觉察。

比如有一种人，从小就特别听话，特别乖巧，是父母眼中的"乖乖女"或"乖乖仔"，从来没有所谓的叛逆期。

然而，这样一类人，往往失去了自我。

还有一类人，他们从小就非常懂事，特别成熟，承担了自己这个年龄所不该承担的某些责任。

武志红认为，太懂事的背后，其实是一种深深的绝望。

比如我的一个来访者，是单亲妈妈，说话做事都像个小女孩，而她五岁多的儿子却看起来像个大人。

对此，她非常欣喜，觉得儿子是一个小暖男。但其实，她儿子是因为害怕而被迫懂事，不敢去做天真懵懂的孩子。

当一个人，在本该任性调皮、自由伸展生命力的时候，却因为害怕而退缩了，本质上，这就是在扼杀他的生命力，为了适应家庭，换来安全感。

这就是为什么很多男女，在临近四十岁的时候，突然不顾一切地想要离婚，而且他们的口头禅都一模一样："这么多年，我都没有为自己而活，我要活出自己！"

值得一提的是，很多人被扭曲的孝道所绑架。他们为父母而活，他们被迫扭曲了自己的灵魂，像是父母的傀儡，不再有独立思考的精神。

比如有一个来访者，就特别听爸爸的话，而且还逼着老公听。但她却多次做梦，梦到生吃血淋淋的鸡——爸爸属鸡。

其实她在潜意识中，早就对爸爸恨之入骨，这是一种典型的反向形成的防御机制。

同样地，武志红的父母也曾饱受孝道绑架，被家族中的奶奶常年欺压。因为无法直接对抗，他父亲三十多岁牙齿就掉光了，母亲则早早就抑郁了。

他们的生命力都在被扼杀，没办法活出自己。

所幸，他们用爱所培养的孩子，不但能够打破轮回，活出自己，更能够通过心理学的力量，影响无数的中国家庭。

另外，还有一类人，也是深陷原生家庭泥潭，难以活出自己。

她们有着同样的家庭命运，家里孩子好几个，父母却严重地重男轻女。

我有一个来访者，经常做噩梦，噩梦中的各种妖魔鬼怪都是杀人凶手——其实都是"妈妈"的化身。

她妈妈非常重男轻女，最初接连生了两个女儿，每次都是看都没看就直接送人，后来才有了她和弟弟。长大后，她妈妈为了弟弟不断地压榨她的各种资源，比如索要金钱。

她知道妈妈不对，也逃离到了另外一个城市，可还是被这个梦魔缠绕着，迫切需要找到力量和智慧，以摆脱泥潭，活出自己。

由此可见，一个人要想活出自己，变得万般自在，确实非常困难。

但我们至少可以往这个方向去尝试和努力，每走一步，都能收获一步的礼物；每跑一路，都有一路的财富。具体怎么做呢？以下七点，相信可以给你一些启发：

第一，照料好自己的身体发肤。

满足自己基本的饮食起居，愿意照料好自己的衣食住行，并且在力所能及的经济条件下，尽可能地投资自己。

当然，这跟自私是不同的。自私是向外索取，自我满足则是通过自己的双手，去创造条件，满足自己的需求。

想补充的一点是，童年时期没有得到很好的照料的人，容易活在云端，把一些正常的需求当作可怕的欲望，转而过于重视一些精神层面的东西——而这很容易让人活在孤独的自恋当中。

第二，尊重自己的起心动念。

最开始我跟随张久祥老师学习共情的时候，老师就常对我说："要想学会共情别人，首先要共情自己。"

而要想学会共情自己，最重要的是，要尊重我们内心的起心动念——也就是尊重自己内心的感觉和某一刻的闪念。

乔布斯认为，内心的感觉，就像是一颗颗珍珠。当珍珠一颗颗

散落的时候，你不知道选择它到底是为什么，但突然有一天，当你尊重自己的感觉时，它们会变成一条项链，原来它们是有一条线贯穿着的。

当然，我们这里说的是尊重，而不是说完全跟随。

原则上，一个人强大的时候，可以跟随感觉。

一个人恐惧的时候，不能先去跟随，而是以看见和流动为主。首先入定，方能生慧。

第三，捍卫自己的权利空间。

有无数人，想做我们身体和心灵的主人，我们需要捍卫好自己的权利空间，以免不知不觉中，成为别人的提线木偶，或者像上文所提到的人一样，陷入可怕的轮回而不自知。

第四，拥抱自恋受损。

敢于走出舒适区，让自己的自恋受损，然后重整。然而，很多人只是单纯地活在自恋的维度，他们特别害怕自恋受损，这大大地限制了他们建立关系，从关系中获得心灵成长的力量。

第五，建立滋养性的关系。

懂得建立滋养性的关系，也就是对我们的健康自恋有帮助的关系。对于那些损耗性的关系，要敢于说"不"，并能够有勇气远离。

第六，敢于伸展自己的力量。

因为对权威的恐惧，很多人不太敢去表达自己的攻击性，从而扼杀了自己的本能和生命力。而当一个人敢于强大的时候，他的本能和创造力就会源源不断地涌出。一如武志红所说，让你的本能，排山倒海般地涌出吧。

第七，融入某个成长型的场域。

就像大学期末考试临考前，我们都喜欢去图书馆或自习室一样。人是群体动物，很容易受环境影响，特别是女士，习惯在团体中成长。所以我们需要有意识地融入一些成长的环境，通过这个环境的力量，耳濡目染地生长。

以上的七点，读起来非常简单，不过短短几分钟就能读完，但其实要一一做到，并成为我们自己的身心体验，却不太容易，需要我们日常反复实践，不断地觉知，勇于去探索。

## 本章回眸

心理学家荣格认为，四十岁以前我们都是为别人而活，四十岁之后，我们才开始真正地为自己而活。

这话听起来似乎很可悲，但现实往往更可悲，很多人哪怕是过了四十不惑、五十知天命的年纪，都还没有找到自己，更别说活出自我。

因为活出自我，需要勇气和力量，更需要爱和智慧。当然，拥有一份好的觉知是重要的开始。觉知就是那一盏黑暗中的灯，照亮我们活出自我的漫漫长路。直到有一天，我们回首，不由得感叹"两岸猿声啼不住，轻舟已过万重山"。